Geologisches Landesamt
Nordrhein-Westfalen

Deu-A-IX-3-233-

NB-

Geologie erleben in NRW.

Ein Führer zu
Museen, Schauhöhlen,
Besucherbergwerken,
Lehr- und Wanderpfaden

Von
Wolfgang Dassel

Geologisches Landesamt
Nordrhein-Westfalen
Krefeld 1998

Alle Urheberrechte vorbehalten

© 1998 Geologisches Landesamt
Nordrhein-Westfalen
Postfach 10 80
D-47710 Krefeld

Bearbeiter:
Dipl.-Ing. Wolfgang Dassel
Geologisches Landesamt Nordrhein-Westfalen
De-Greiff-Straße 195
D-47803 Krefeld

Redaktion/Lektorat:
Dipl.-Geol.'in Barbara Groß-Dohme
Tamara Höning

Druck:
Stünings Verlag GmbH, Krefeld

Printed in Germany/Inprimé en Allemagne

ISBN 3-86029-965-4

Inhalt

Einführung 7

Beschreibung der Objekte 11

Literatur 123

Geologische Karten
von Nordrhein-Westfalen 124

Geologische Wanderkarten 125

Erklärung einiger Fachwörter 127

Typologisches Verzeichnis 132

Abbildungsnachweis 142

Einführung

Nordrhein-Westfalen zählt aus geologischer Sicht zu den abwechslungsreichsten Regionen Deutschlands. Mehr als 500 Millionen Jahre Erdgeschichte sind hier nahezu lückenlos aufgeschlossen — kein anderes Bundesland weist eine größere Anzahl unterschiedlich alter Schichten an der Erdoberfläche auf. Die Fülle der verschiedenen Gesteine birgt eine ebenfalls einmalig große Zahl von Lagerstätten: Stein- und Braunkohlen, Erze und Industriemineralien, Steine und Erden. Nirgendwo sonst in Deutschland sind auf so engem Raum so viele und unterschiedliche Rohstoffvorkommen zu finden.

Diese geogenen Voraussetzungen sind die natürliche Grundlage der jahrhundertealten Bergbau- und Industriegeschichte unseres Landes.

Auch wenn der Erzbergbau und die Gewinnung von Industriemineralien heute — zumeist aus wirtschaftlichen Gründen — weitgehend zum Erliegen gekommen sind, die letzten noch fördernden Steinkohlenzechen um ihr Überleben kämpfen und auch die Hüttenindustrie immer größerem Konkurrenzdruck ausgesetzt ist, haben diese Faktoren unser Land, seine Geschichte, seine Kultur und seine Menschen unwiderruflich geprägt. Das Interesse am Untergrund mit seinen verborgenen Schätzen ist groß.

Viele Ältere, die noch die Blütezeit des Bergbaus miterlebt haben, wollen Erinnerungen auffrischen und viele Junge wollen wissen, wie denn Vater oder Großvater gearbeitet haben. Das Sammeln von Mineralien und Fossilien ist zu einem beliebten Hobby geworden. Die Dinosaurier stehen bei den Kindern immer noch hoch im Kurs. Wanderungen werden oft durch die Besichtigung einer Höhle oder die Einfahrt in ein Besucherbergwerk — nicht nur für Kinder — besonders reizvoll. Lehrer und Schüler unternehmen im Rahmen ihres Geographie- oder Biologieunterrichts Exkurse in die Geologie. Auch die Frage nach der Entstehung der Erde und des Lebens beschäftigt in einer Zeit, in der das Umweltbewußtsein durch zunehmende Lebensraumzerstörung geschärft ist, immer weitere Bevölkerungskreise.

Alle diese Bedürfnisse können durch eine Vielzahl von geowissenschaftlich ausgelegten Museen, Sammlungen, geologischen Lehr- und Wanderpfaden, Besucherbergwerken und Schauhöhlen befriedigt werden. Der hier vorliegende Führer soll ein Leitfaden durch die Fülle dieser Geo-Einrichtungen sein; er soll Anregungen und Kurzinformationen bieten. Um der breiten Palette der Ansprüche gerecht zu werden, enthält er auch in knapper Form Anmerkungen zu architektonischen oder landschaftlichen Besonderheiten sowie — interessant für Lehrer und Schüler — Hinweise auf spezielle unterrichtsbegleitende Programme.

Die vorgestellten Einrichtungen sind nicht streng auf das Gebiet von Nordrhein-Westfalen beschränkt; interessante Besuchspunkte in benachbarten Bundesländern und dem grenznahen Ausland wurden ebenfalls berücksichtigt.

Bei einer so großen Zahl geowissenschaftlicher Besuchsobjekte ist es nicht möglich, alle Einrichtungen zu bereisen, sämtliche Sammlungen einzusehen, die zahlreichen Lehr- und Wanderpfade abzugehen. So wurde bei der Zusammenstellung und Beschreibung oft auf die freundliche Auskunft der jeweiligen Betreuer, auf Informationsblätter, Broschüren oder vorhandene Museumsführer zurückgegriffen. Für die hilfreiche Unterstützung sei allen, die Material zur Verfügung gestellt haben, an dieser Stelle herzlich gedankt. Es ist möglich, daß interessante Objekte keine Berücksichtigung fanden, daß Ausstellungsbereiche ergänzt oder verändert wurden, daß eine Sammlung umgezogen oder eine Telefonnummer nicht mehr aktuell ist. Alle Nutzer dieses Führers werden deshalb gebeten, eventuelle Ergänzungen oder Änderungen mitzuteilen.

In Planung oder im Aufbau befindliche Objekte wurden nur dann in den Führer aufgenommen, wenn in absehbarer Zeit mit ihrer Eröffnung zu rechnen ist. Das gleiche gilt für Einrichtungen, denen eine thematische oder räumliche Veränderung ins Haus steht. Dagegen sind geowissenschaftliche Sammlungen, die zur Zeit magaziniert sind, aufgeführt.

Auf Angaben zu Öffnungszeiten und Eintrittspreisen wurde in dem Führer bewußt verzichtet, da sich diese — gerade bei kleineren Einrichtungen — kurzfristig ändern können. Es empfiehlt sich daher vor einem geplanten Besuch eine telefonische Anfrage.

Die Standorte der geowissenschaftlichen Einrichtungen sind in der **Beschreibung der Objekte** alphabetisch aufgelistet. Es werden Kurzinformationen zur Art des Objekts und zum Umfang der Präsentation gegeben sowie thematische Schwerpunkte genannt. Das **typologische Verzeichnis** bietet die Möglichkeit, zum Beispiel Lehrpfade oder Besucherbergwerke gezielt auszuwählen. Hier sind unter jeder Kategorie die jeweiligen Standorte und die Objektnamen aufgeführt. Eine **Karte der Objektorte** (im ausklappbarem Umschlag) erleichtert die Tourenplanung.

Die Einrichtungen sind typologisch in folgende Kategorien gegliedert:

Ⓜ Geowissenschaftliches oder bergbauhistorisches Spezialmuseum oder Museum mit geowissenschaftlicher oder bergbauhistorischer Abteilung von überregionaler Bedeutung

ⓜ Museum mit kleinerer geowissenschaftlicher oder bergbauhistorischer Abteilung oder Sammlung

Hierzu gehören viele heimatkundliche Museen, in denen besonders auf regionale geologische Aspekte Bezug genommen wird.

🚶🚶 Lehr- oder Wanderpfad, Lehrgarten, Freilichtmuseum

Geowissenschaftliche Lehr- und Wanderpfade zeigen Besonderheiten — häufig in natürlichen oder vom Menschen geschaffenen Aufschlüssen — im direkten Bezug zu Landschaft, Vegetation und zum soziokulturellen Umfeld. Oft stehen solche Wanderpfade unter einem Leitthema, zum Beispiel „Bergbaugeschichte" oder „Vulkanismus". Lehrgärten dagegen sind zumeist so angelegt, daß besondere Schaustücke zu einem Thema zusammengetragen wurden, sich die Objekte also nicht mehr in ihrer natürlichen Umgebung befinden. Freilichtmuseen nutzen oft stillgelegte, historisch interessante Rohstoffgewinnungs- und Produktionsstätten, wo ergänzende Schaustücke zusammengestellt wurden. Eine klare Trennung zwischen diesen Präsentationsformen war nicht immer möglich.

⚒ Besucherbergwerk

Besucherbergwerke sind stillgelegte Bergwerke, in denen Besuchergruppen unter fachkundiger Leitung einen unmittelbaren Einblick in die entsprechende Lagerstätte und vor allem in die Arbeits- und Produktionsbedingungen des jeweiligen Betriebes erhalten.

Häufig beginnt ein Untertagebesuch mit einer Fahrt im Förderkorb oder in der Grubenbahn.

∩ Schauhöhle

Schauhöhlen bieten dem Besucher — zumeist in Gruppen unter fachkundiger Führung — einen sicheren Zugang zu besonders schönen Abschnitten innerhalb eines weitverzweigten Höhlensystems.

Anregungen, auf eigene Faust geologische Besonderheiten zu erkunden, kann man den geologischen Wanderkarten, aber auch den Erläuterungsheften zu den Geologischen Karten von Nordrhein-Westfalen 1 : 100 000 und 1 : 25 000 entnehmen. Eine Übersicht der lieferbaren Karten 1 : 100 000 wird auf Seite 124 gegeben. Eine geologische Übersichtskarte des Landes Nordrhein-Westfalen und eine erdgeschichtliche Tabelle im aufklappbaren Umschlag geben einen kleinen Einblick in die Geologie unseres Landes.

Hinweise über Zusatzangebote verschiedener Einrichtungen wie zum Beispiel spezielle Führungen, Fortbildungsseminare oder Mit-mach-Veranstaltungen machen dieses Buch auch für Lehrer, Umweltgruppen und Vereine interessant.

Dieser Führer soll einen Beitrag dazu leisten, die geowissenschaftlichen und bergbaulichen Besonderheiten unseres Landes, die in dieser Dichte und Vielfalt kaum anderswo zu finden sind, einer breiten Öffentlichkeit näherzubringen. Er zeigt Nordrhein-Westfalen als ein Land, dem seine geologische und industrielle Vergangenheit ihren unverwechselbaren Stempel aufgedrückt hat und in dem man hautnah Geologie erleben kann.

Viel Spaß dabei!

Aktuelle Tips zu geowissenschaftlichen Ausstellungen und Veranstaltungen finden Sie auch auf der Homepage des Geologischen Landesamtes NRW im Internet unter der Adresse **http://www.gla.nrw.de**.

Beschreibung der Objekte

Standorte der
Museen, Schauhöhlen,
Besucherbergwerke,
Lehr- und Wanderpfade,
nach Orten alphabetisch aufgelistet

Aachen

Museum Burg Frankenberg
Bismarckstraße 68
52066 Aachen
☎ (02 41) 4 32 44 10

Das Museum ist in einer 1352 erstmals urkundlich erwähnten Burg untergebracht. In den historischen Räumen ist die stadtgeschichtliche Sammlung Aachens zu sehen. Die prähistorische Abteilung befaßt sich mit einer Dokumentation des jungsteinzeitlichen Feuersteinbergbaus auf dem Aachener Lousberg. Abbau und Bearbeitung der Feuersteine (Oberkreide) ist hier zwischen 3000 und 2500 v. Chr. betrieben worden. Einen weiteren Schwerpunkt nimmt die Bädergeschichte Aachens und Burtscheids ein. Die geologischen Grundlagen für das Auftreten von Mineral- und Thermalwasser in dieser Region werden erläutert. Eine ansehnliche Kollektion wertvoller Brunnengläser dokumentiert die Badekultur in Aachen.

Museumsführer, Broschüre

Badeszenen im alten Aachener Kaiserbad (Kupferstich von 1682)

Der Kalkofenweg
🚶 Parkplatz Freizeitgelände Schleidener Straße
Aachen-Walheim
ℹ️ Verkehrsverein
Informationsbüro Elisenbrunnen
Friedrich-Wilhelm-Platz 4
52062 Aachen
☎ (02 41) 1 80 29 60/61

Der Kalkofenweg ist als Rundweg konzipiert und führt auf etwa 7 km Wegstrecke durch das Indetal zu vier historischen Kalkofenanlagen. Auf Schautafeln wird die geologische Entstehung des Kalksteins sowie Geschichte, Aufbau und Funktion der Kalköfen erläutert. Steinbruchaufschlüsse zeigen die Schichtenfolge devonischer Kalksteine.

Exkursionsführer

Ahlen

Heimatmuseum
Wilhelmstraße 12
59227 Ahlen
☎ (0 23 82) 5 94 10

Der wichtigste Rohstoff im Raum Ahlen ist die Steinkohle aus dem Oberkarbon. Grafiken, Gesteine und Fossilien verdeutlichen Entstehung, Lagerung und Abbau des Rohstoffs. Um die Jahrhundertwende wurde nördlich von Ahlen Strontianitbergbau betrieben. Der Abbau des Strontiumcarbonats aus den Kalkmergelsteinen des Campans (Oberkreide) ist weltweit der einzige seiner Art. Historische Aufnahmen, Grubenbilder und Gesteinsproben erläutern die Bedeutung dieses Bergbaus. Strontium fand seinerzeit Verwendung in der pharmazeutischen Industrie.

Landschaftsmuseum
Hof Schulze-Allendorf
Im Pöppelkam 27
59227 Ahlen
☎ (0 23 82) 42 05

Das Museum zeigt eine Mineraliensammlung mit Exponaten aus der ganzen Welt. Daneben existiert eine umfangreiche Belegmaterialsammlung von Braun- und Steinkohle aus Fördergebieten in aller Welt. Gesteine und Fossilien der Kreide und des Quartärs repräsentieren die regionale Geologie. 1910 wurde Ahlen in der Fachwelt durch den Fund eines nahezu vollständig erhaltenen Mammutskeletts berühmt. Dieses ist heute im Geologisch-Paläontologischen Museum der Universität Münster ausgestellt.

Alsdorf

Bergbaumuseum Wurmrevier
Martinstraße 5
Bergbau-Lehrpfad
🚶 Würselener Straße (B 57)/
Theodor-Seipp-Straße
52477 Alsdorf
☎ (0 24 04) 8 16 45

Gezeigt werden Exponate zum Steinkohlenbergbau im Aachener Revier und eine mineralogische Sammlung. Das Museum befindet sich zur Zeit im Aufbau und wird in den Gebäuden der ehemaligen Steinkohlenschachtanlage Anna eingerichtet.

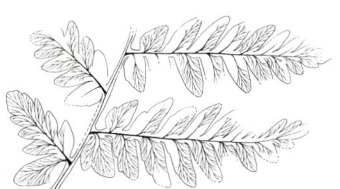

Mariopteris muricata, eine farnähnliche Pflanze aus dem Aachener Karbon

Der Bergbau-Lehrpfad führt von der ehemaligen Schachtanlage „Anna 1" zum Alsdorfer Weiher. Präsentiert werden originale Arbeitsgeräte aus dem Steinkohlenbergbau im Aachener Revier.

Altena

Museum der Grafschaft Mark auf Burg Altena
Fritz-Thomée-Straße 80
58762 Altena
☎ (0 23 52) 9 66 70 34

Dargestellt ist die erdgeschichtliche Entwicklung des Märkischen Sauerlands durch Gesteine und Fossilien aus dem Ordovizium bis zum Quartär, die in kaum einem anderen Teil des Rheinischen Schiefergebirges in so vollständigem Umfang überliefert ist wie hier. An den historischen Erzbergbau in dieser Region erinnern Galmeikristalle (Zinkcarbonat) aus Iserlohn. Das Skelett eines Höhlenbären in der Nachbildung einer Tropfsteinhöhle, von Menschen bearbeitete Knochenreste und andere Artefakte leiten zur Archäologie und Vor- und Frühgeschichte über. Im Burgareal sind die Gesteine der Umgebung beispielhaft aufgeschlossen. Die Burg selbst wurde aus diesem Gesteinsmaterial erbaut.

Broschüre

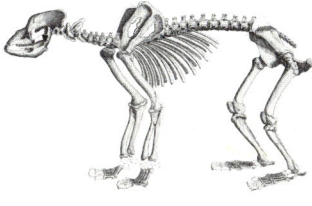
Skelett eines Höhlenbären

Altenbeken

Eggemuseum
Bessenhof
Alter Kirchweg 2
33184 Altenbeken
☎ (0 52 55) 61 31 oder 1 20 00

Das Museum ist in einem Hof aus dem 16. Jahrhundert untergebracht. Dokumentiert wird die Geschichte des Eisenerzbergbaus im Eggegebirge. Einen Schwerpunkt bildet die künstlerische Verarbeitung des Eisengusses zu Ofenplatten, Öfen und zahlreichen Gebrauchsgegenständen.

Anröchte

Heimatstube Anröchte
Hauptstraße 74 (alte Schule)
[i] Heimatverein Anröchte
Hauptstraße 4
59609 Anröchte
☎ (0 29 47) 8 96 63

Gezeigt werden Vorkommen und Gewinnung des „Anröchter Grünsandsteins" und der überdeckenden Mergelkalksteine (Oberkreide) sowie ihre Weiterverarbeitung zu Werksteinen, Schotter und Splitt.

Arnsberg

Sauerland-Museum
Alter Markt 26
59821 Arnsberg
☎ (0 29 31) 40 98

Die geologische Abteilung präsentiert die wichtigsten Gesteinsarten der Region und deren wirtschaftliche Nutzung. So wird unterkarbonischer Plattenkalk als Straßenbaustoff gewonnen. Von 1727 bis 1830 wurde das Antimonmineral Antimonit aus den Schichten des Plattenkalks abgebaut. Die paläontologische Sammlung zeigt Knochenreste eiszeitlicher Tiere sowie Artefakte des frühen Menschen, die bei Grabungen in der Balver Höhle freigelegt wurden (s. Balve).

Arolsen

Wasserkunst von 1535
Im Burggrund
34454 Arolsen-Landau
☎ (0 56 96) 10 43 und 10 12

Die im Freilichtmuseum präsentierte historische Wassergewinnungs- und Förderanlage ist ein Beispiel für die Wasserversorgung mittelalterlicher Städte in Regionen mit ungünstigen Grundwasserverhältnissen. Die als Festung gegründete Stadt Landau — ein Stadtteil von Arolsen — liegt auf einem Umlaufberg der Watter, der sich ca. 65 m über das Flußbett erhebt. Wegen der Klüftigkeit der hier vorkommenden Gesteine liegt die Grundwasseroberfläche zum Teil tiefer als die Flußsohle der Watter. Das Grundwasser tritt teilweise aus Grundquellen aus. Um die Bewohner der Bergstadt mit Wasser zu versorgen, wurde die in der Nähe liegende Grundquelle im „Kresspfuhl" gefaßt. Das Trinkwasser gelangte mit Hilfe von Kolbenpumpen, die durch ein Mühlrad angetrieben wurden, in das hochgelegene Stadtgebiet.

Asten (NL)

Naturhistorisches Museum „De Peel"
Ostaderstraat 23
NL-5721 WC Asten
☎ (00 31-4 93) 69 18 65

Das Museum liegt in der Nähe des Nationalparks „De Groote Peel", eines der letzten Hochmoorgebiete in diesem Raum. Großformatige Fotos und Dioramen zeigen die Pflanzen- und Tierwelt der Peel; Schutz bzw. Gefährdung von Natur und Umwelt werden thematisiert. Ein wichtiger Ausstellungsteil widmet sich der Entstehung des Torfes und seinem historischen Abbau. Zahlreiche Fossilfunde, z. B. Knochenreste von Walen und Seehunden, Zähne und Wirbel von Haien sowie Schalenreste von Muscheln, die aus Ablagerungen des Miozäns stammen, belegen, daß diese Region vor ca. 10 Mio. Jahren vom Meer bedeckt war. Ein Besuch dieses Museums eignet sich vorzüglich als Start oder als Abrundung einer Wanderung durch den Nationalpark. (Nationalpark „De Groote Peel" s. Ospel/ NL)

Attendorn

Kreisheimatmuseum
Alter Markt 1
57439 Attendorn
☎ (0 27 22) 37 11

Geologisch ist die Region durch den fossilreichen Massenkalk (Devon) sowie die zahlreichen Karsthöhlen besonders attraktiv. Die erdgeschichtliche Schausammlung bietet Beispiele für die vorkommenden Gesteine und Fossilien, Kristallisationsformen von Calciumcarbonat sowie Funde aus Höhlen. Die Sammlung ist zur Zeit überwiegend magaziniert.

Attendorner Tropfsteinhöhle
Finnentroper Straße 39
57439 Attendorn
☎ (0 27 22) 30 41

Die Attendorner Tropfsteinhöhle (Atta-Höhle), mit 6 670 m Gängen die längste deutsche Schauhöhle, liegt im mitteldevonischen Massenkalk. Die Höhle wurde 1907 bei Steinbrucharbeiten entdeckt und ist seit dieser Zeit als Schauhöhle zugänglich.

Faltblatt

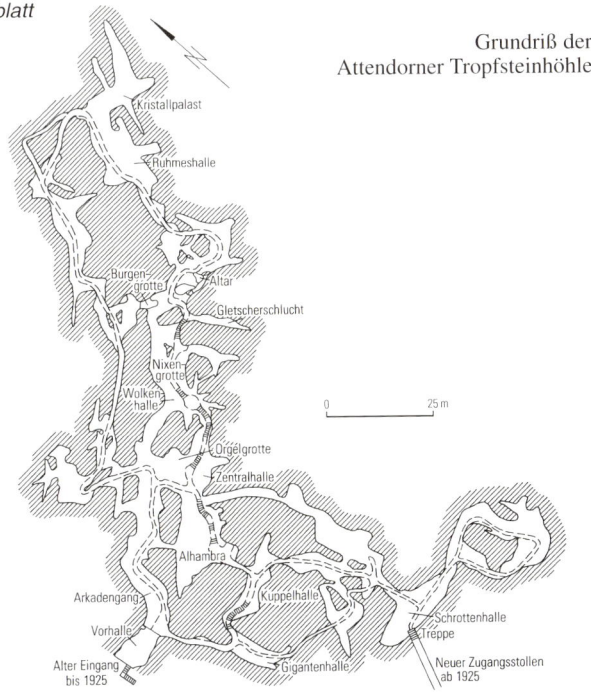

Grundriß der Attendorner Tropfsteinhöhle

Bad Bentheim

Schloßmuseum
48455 Bad Bentheim
☎ (0 59 22) 51 60

In der als Museum genutzten Katharinenkirche des Schlosses werden die Entstehung des Bentheim-Sandsteins (Unterkreide), die Abbaumethoden und die handwerkliche Kunst der Steinmetze gezeigt.

Geologisches Freilichtmuseum Gildehaus
Auf den Kuhlen
48455 Bad Bentheim-Gildehaus
☎ (0 59 22) 7 30 oder 31 66

In einem ehemaligen Steinbruch werden Abbau und Verarbeitung des Bentheim-Sandsteins (Unterkreide) sowie darin enthaltene Fossilien gezeigt. Eine Sammlung eiszeitlicher Geschiebe belegt den saalezeitlichen Inlandeisvorstoß (Pleistozän) in diesen Raum.

Bad Berleburg

Schaubergwerk Raumland
Landesstraße 553
57319 Bad Berleburg-Raumland
☎ (0 27 51) 5 10 51

Die Schiefervorkommen in der Umgebung von Bad Berleburg stammen aus dem Mitteldevon. Dokumentiert wird die Gewinnung und Verarbeitung von Dach- und Plattenschiefer in Handarbeit.
Broschüre

Bad Essen

Freilichtmuseum „Saurierspuren"
Buersche Straße 141
49152 Bad Essen-Barkhausen
🛈 Kurverwaltung
Ludwigsweg 6
49152 Bad Essen
☎ (0 54 72) 8 33

Anfang dieses Jahrhunderts wurden in einem Steinbruch bei Barkhausen die 150 Mio. Jahre alten „Saurierfährten von Barkhausen" (Malm) entdeckt und freigelegt. An einer Steilwand sind zwei verschiedene Fährten zu erkennen, die bis zu 20 cm im Stein eingetieft sind.

Broschüre

Bad Laer

Heimatmuseum
Kesselstraße 4
49196 Bad Laer
☎ (0 54 24) 29 11 12

Dargestellt werden Vorkommen und Abbau von bankigen Kalksteinen der Oberkreide. Weiterhin werden die Bildung von bis zu 6 m mächtigen Sinterkalken sowie die Herkunft der hier vorkommenden Sole und ihre Verwendung zu Badezwecken dokumentiert.

Bad Marienberg

Basaltpark Bad Marienberg
Bismarckstraße/Am Kurbad
[i] Kurverwaltung
Wilhelmstraße 10
56470 Bad Marienberg
☎ (0 26 61) 70 31

In einem stillgelegten Basaltbruch sind entlang eines 1 km langen Wanderweges zahlreiche Schautafeln aufgestellt, die Einblick in die geologischen Vorgänge bei der vulkanischen Entstehung des Basalts geben. Im ehemaligen Maschinenhaus werden Abbaumethoden, Gerätschaften und die Weiterverarbeitung des Basalts gezeigt.

Basaltsäulen in einem Steinbruch des Westerwalds (historische Zeichnung)

Bad Münder

Heimatmuseum
Kellerstraße 13
31848 Bad Münder
☎ (0 50 42) 5 22 76

Das Museum befindet sich in einem Weser-Renaissancebau des 15. Jahrhunderts. Im spätmittelalterlichen Gewölbekeller sind Architekturteile aus einheimischem Sandstein ausgestellt. Abgebaut und für Steinmetzarbeiten verwendet wurde der sogenannte Deistersandstein aus der Bückeberg-Folge (Unterkreide), der in zahlreichen Steinbrüchen am Fuße des Deisters gebrochen wurde. Auch die harten Kalksandsteine des Doggers am Hang des Süntels wurden zu Bauzwecken abgebaut.

Bad Münstereifel

Hürten-Heimatmuseum
Langenhecke 6
53902 Bad Münstereifel
☎ (0 22 53) 80 27

Schautafeln, Gesteine und Fossilien vermitteln die paläogeographischen Verhältnisse des Raumes Bad Münstereifel zur Devon-Zeit. Schwerpunkt der Sammlung sind Fossilien, die die Lebenswelt der Eifeler Korallenriffe veranschaulichen.
Wochenendseminare, Ferienaktionen

Uncites gryphus, ein Leitfossil des Mitteldevons

Römische Kalkbrennerei Iversheim
Kalkarer Weg
53902 Bad Münstereifel
☎ (0 22 53) 50 51 82 oder 80 27

Seit der Römerzeit werden Kalkmergel- und Dolomitsteine aus den Eifelkalkmulden zu Bauzwecken verwendet. In Iversheim konnten durch archäologische Grabungen sechs Kalköfen freigelegt werden, die in den Zeitraum 150 – 300 n. Chr. datiert werden. Die Öfen sind innerhalb eines Schutzbaues zu besichtigen; Schautafeln erläutern den Kalkabbau und das Kalkbrennen.

Bad Oeynhausen

Heimatstube im Bürgerhaus Harrenhof
Werster Straße 114
32549 Bad Oeynhausen
☎ (0 57 31) 14 15 00

Die Präsentation zeigt geologische und paläontologische Funde aus dem Pleistozän, vor allem Knochenreste eiszeitlicher Säugetiere, sowie eine Sammlung nordischer Geschiebe.

Bad Pyrmont

Museum im Schloß
Schloßstraße 13
31812 Bad Pyrmont
☎ (0 52 81) 94 92 48

In der erdgeschichtlichen Abteilung wird anhand von Grafiken sowie Gesteinen und Fossilien aus dem Muschelkalk ein Bild des Gesteinsuntergrundes der Region aufgezeigt. Zu sehen ist außerdem, wie die Auslaugung des in 800 m Tiefe vorhandenen Steinsalzes zur Bildung von Erdfällen und zur Entstehung von Solequellen führte.

Bad Rothenfelde

Dr.-Alfred-Bauer-Heimatmuseum m
Wellengartenstraße 10
49214 Bad Rothenfelde
☎ (0 54 24) 6 94 23

Das Heimatmuseum beherbergt eine Sammlung zur regionalen Geologie. Anschaulich wird die Verbindung von Salzgewinnung und Heilbad dargestellt. Im Kurpark von Bad Rothenfelde steht die größte europäische Gradieranlage mit 414 m Länge und 10 m Höhe.

Bad Salzuflen

Deutsches Bädermuseum m
Lange Straße 41
32105 Bad Salzuflen
☎ (0 52 22) 5 97 66

Das Deutsche Bädermuseum zeigt in einer Dauerausstellung die Geschichte der Heilbäder im deutschsprachigen Raum. Die Salinengeschichte der Stadt von der hochmittelalterlichen Salzgewinnung bis zur Errichtung des Kurbades wird dokumentiert.

Ältestes Ratssiegel zu Salzuflen, 1477

Bad Wildungen

Kurmuseum m
Brunnenallee 1
34537 Bad Wildungen
☎ (0 56 21) 7 29 42

Das Kurmuseum zeigt u. a. eine kleine Dokumentation über die Heilquellen der Region und ihre Nutzung für Heilbehandlungen.

Museum „Altes Bergamt" m
Kellerwaldstraße 20
34537 Bad Wildungen-Bergfreiheit
☎ (0 56 26) 17 36

Das Museum ist als Ergänzung zu dem am Ortsrand gelegenen Besucherbergwerk konzipiert und soll Informationen über Erzvorkommen, Metallgewinnung und -verarbeitung im Kellerwald vermitteln. Die hier verhütteten Erze finden sich in Schichten und Gängen des Mitteldevons bis Unterkarbons. Die vorkommenden Eisenmangan- und Kupfererze wurden vor allem im Mittelalter abgebaut und verhüttet.

Kupferbergwerk an der Leuchte
34537 Bad Wildungen-Bergfreiheit
☎ (0 56 26) 16 60

Im Bergbauzentrum Bergfreiheit ist Kupfererzbergbau seit dem Jahre 1552 urkundlich belegt. Zu einer Bergbaustadt konnte sich Bergfreiheit jedoch nie entwickeln, da die Erzvorräte bereits frühzeitig erschöpft waren. Um 1750 wurde nach mehrmaligen Neuversuchen der Abbau eingestellt. Die Kupfererze, die meist als Kupferkies an Carbonat- oder Schwerspatgänge gebunden auftreten, sind an mehreren Stellen in den Strecken des Besucherbergwerks gut aufgeschlossen. Die Abbautechnik mit Schlägel und Eisen wird demonstriert; historische Grubengeräte und alte Grubenlampen werden gezeigt.

Balve

Museum für Vor- und Frühgeschichte
ⓘ Verkehrsverein Balve
Widukindplatz 1
58802 Balve
☎ (0 23 75) 92 61 90

Die regionale Geologie wird dargestellt anhand von Gesteinen, Mineralien und Fossilien aus dem mittel- bis oberdevonischen Massenkalk des Hönnetals. Die jüngere Erdgeschichte wird durch Funde fossiler Knochen sowie Spuren und Werkzeuge der frühen Menschen aus der Balver Höhle repräsentiert. Die Sammlung ist zur Zeit magaziniert; das Museum befindet sich im Umbau.

Kalköfen Horst, Horster Straße
Kalkofen Hönnetalstraße
ⓘ Verkehrsverein Balve
Widukindplatz 1
58802 Balve
☎ (0 23 75) 92 61 90

Der aus Riffen hervorgegangene sehr reine Kalk- und Dolomitstein des mittel- bis oberdevonischen Massenkalks erreicht im Hönnetal Mächtigkeiten bis 1 400 m. In Balve-Eisborn im mittleren Hönnetal ist eine Dreiergruppe restaurierter Kalköfen und an der Hönnetalstraße ein Ofen mit kaminähnlichem Aufsatz aus dem Frühstadium der Kalkindustrie (1929/30) zu besichtigen. In diesen Öfen wurde aus dem Ausgangsgestein Branntkalk hergestellt.

Schaubergwerk Luisenhütte
58802 Balve-Wocklum
☎ (0 23 75) 31 34

Der Bergbau auf den im Mitteldevon durch untermeerische Vulkanausbrüche entstandenen Roteisenstein (Eisenoxid) im Raum Balve läßt sich bis in das Mittelalter zurückverfolgen. Der Rohstoff bildete die Grundlage einer einst blühenden Eisenindustrie. Im Jahre 1748 wurde die Luisenhütte errichtet, 1865 erfolgte ihre Stillegung. Die Luisenhütte ist heute als technisches Kulturdenkmal der Öffentlichkeit zugänglich. Ein in der Nähe liegender Stollen wurde in den Jahren 1804 – 1882 mit Unterbrechungen insgesamt 50 m vorgetrieben. Er war als Entwässerungsstollen geplant; Erz wurde dort nicht gefunden. Der Stollen kann besichtigt werden.

Reckenhöhle
Haus Recke
Binolen 1
58802 Balve
☎ (0 23 79) 9 18 10

Von der insgesamt 1 500 m langen Höhle im Hönnetal können 500 m besichtigt werden. In der 1888 entdeckten Höhle wurden zahlreiche Knochenreste gefunden, darunter ein Höhlenbärenskelett, das heute im Städtischen Museum in Menden ausgestellt ist (s. Menden).

Balver Höhle
ℹ Verkehrsverein Balve
Widukindplatz 1
58802 Balve
☎ (0 23 75) 92 61 90

Die 18 m breite, 12 m hohe und 150 m lange Balver Höhle liegt in dem bis zu 1 000 m mächtigen Massenkalk des Mitteldevons. Während der Kreide und des Tertiärs unterlag der Kalkstein einer starken chemischen Verwitterung und Verkarstung. Die Höhle ist sichtbares Resultat dieser Karstverwitterung. Im Verlauf der letzten Eiszeit (Pleistozän) wurden durch Frostsprengung große Bereiche aus der Decke der Höhle gelöst; es entstand das heutige Tonnengewölbe. Die Ablagerungen am Boden wuchsen an und bewahrten in ihren Schichten Kulturspuren steinzeitlicher Jäger.

Barsinghausen

Museum Barsinghausen
Deisterstraße 10
30890 Barsinghausen
☎ (0 51 05) 77 42 00

Die prägenden Industrien der letzten 300 Jahre waren in diesem Raum die Sandsteinhauerei und der Steinkohlenbergbau. Abbauwürdige Sandsteinbänke (Deistersandstein) enthält die Sandsteinzone der Bückeberg-Folge (Unterkreide). Der Sandstein wurde an verschiedenen Stellen gebrochen und zu Trögen, Gesimsen, Treppenstufen und Maßwerk verarbeitet. Werkzeuge, ein Diorama sowie Erzeugnisse und Dokumente der Steinhauergilde dokumentieren den Sandsteinabbau. Der bedeutendste Rohstoff der Region war aber die Steinkohle der Bückeberg-Folge („Wealden-Kohle", Unterkreide). Das bis zu 75 cm mächtige „Hauptflöz" wurde von der Mitte des 19. Jahrhunderts bis 1957 intensiv abgebaut. Hierzu werden Dioramen von Stollen, Handwerkszeug und mechanische Abbaugeräte gezeigt. Auf dem ehemaligen Zechengelände an der Hinterkampstraße wird zur Zeit — unter Einbeziehung eines Stollens — ein Bergwerksmuseum aufgebaut.

Beckum

Stadtmuseum Beckum
Markt 1
59269 Beckum
☎ (0 25 21) 2 92 66

Die Geologie des Raumes Beckum zeigen Gesteine, Fossilien, Erze und Mineralien. Bedeutung haben hier vor allem Tonmergelstein, Mergelkalkstein und Kalkstein des Campans (Oberkreide) erlangt, die in dieser Region in zahlreichen Steinbrüchen als Rohstoffe für die Zementindustrie abgebaut werden. Zu den in dieser Gesteinsformation auftretenden Fossilien zählen Muscheln, Belemniten, Fischzähnchen und Spurenfossilien, die ebenfalls exemplarisch in der Ausstellung zu sehen sind. Exponate, Fotos und Archivalien belegen den historischen Abbau des Strontiumcarbonats. Der „Silberstein" oder „Stronz" mit bis zu 60 % Strontium kommt in den von Gängen durchzogenen Gesteinen des Campans vor. Das Mineral wurde bis in die 20er Jahre dieses Jahrhunderts abgebaut und in der Glasindustrie, bei der Stahlherstellung, der Melasse-Entzuckerung oder in der Pyrotechnik eingesetzt.

Belemnitella mucronata, ein Leitfossil des Campans (Oberkreide)

Bendorf

Stadtmuseum
Kirchplatz 9b
56170 Bendorf
☎ (0 26 22) 70 32 40

Gezeigt werden die Technikgeschichte, das Bergbau- und Hüttenwesen im Wieder Erzdistrikt. Abgebaut wurde hier Eisenspat als Gangerz aus Schichten des Unterdevons. Ein spezielles Thema ist die Geschichte der Sayner und Concordia-Hütte.

Sayner Hütte
Koblenz-Olper Straße 184
56170 Bendorf
☎ (0 26 22) 12 20 oder 1 22 32

Die Sayner Hütte ist eine der großen preußischen Hüttenanlagen des 19. Jahrhunderts, die sowohl Gebrauchseisen als auch feingliedrigen Kunstguß lieferte. Die Hütte wurde zwischen 1828 und 1830 im Tal des Saynbaches in der Nähe größerer Eisenerzvorkommen aus Gußeisen in Form eines Sakralbaus errichtet. In der restaurierten Werkhalle ist eine Ausstellung von Eisenkunstguß untergebracht.

Bergheim (Erft)

Rheinbraun-Informationszentrum Schloß Paffendorf
Burggasse
50126 Bergheim-Paffendorf
☎ (0 22 71) 75 12 00 43

In den Räumen einer Burganlage, die in der Mitte des 19. Jahrhunderts im neugotischem Stil umgebaut wurde, befindet sich das Informations- und Schulungszentrum der Rheinischen Braunkohlenwerke. Im Ausstellungsbereich wird die Entstehung der Braunkohle und ihre Bedeutung für die Energie- und Rohstoffversorgung erläutert. Im Schloßpark ist ein botanischer Lehrgarten mit Pflanzen, die an der Bildung der rheinischen Braunkohle im Tertiär beteiligt waren, angelegt. Vom Informationszentrum aus beginnen auch geführte Fahrten in die Baunkohlentagebaue, zu deren Teilnahme jedoch eine vorherige Anmeldung erforderlich ist.

Broschüren

Bergisch Gladbach

Städtische Fossiliensammlung im Bürgerhaus „Bergischer Löwe"
Konrad-Adenauer-Platz
51465 Bergisch Gladbach
☎ (0 22 04) 5 70 83 oder (0 22 02) 14 24 86

Der Fossilreichtum der mittel- bis oberdevonischen Schichten der Bergisch Gladbach-Paffrather Kalkmulde fand bereits im ausgehenden 18. Jahrhundert wissenschaftliche Beachtung. Die mitteldevonische Fauna ist durch besonders schöne Korallen, Brachiopoden, Schnecken und Muscheln vertreten. An der Wende Mittel-/Oberdevon herrschten hier zeitweise lagunäre Verhältnisse, was zahlreiche Pflanzenabdrücke belegen. In der Fossiliensammlung sind auch Brachiopoden, Seelilien und Trilobiten aus den marinen Sedimenten des Unterdevons zu sehen, und sie bietet einen Einblick in die Lebenswelt des Tertiärs und Quartärs.

Bergisches Museum für Bergbau, Handwerk und Gewerbe
Burggraben 9 – 21
51429 Bergisch Gladbach-Bensberg
☎ (0 22 04) 5 55 59

Einen Schwerpunkt des Museums bildet die bergbaukundliche Abteilung. Gezeigt werden die Anfänge des Bergbaus im Bergisch Gladbacher Raum sowie der Abbau von blei-, zink-, eisen-, quecksilber- und silberhaltigem Erz. Ein weiterer Ausstellungsteil befaßt sich mit der Situation des Bergarbeiters im Wandel der Zeit. Im Keller des Gebäudes ist als besondere Attraktion ein Schaubergwerk eingerichtet. Darüber hinaus wird der Prozeß der Erzaufbereitung und Verhüttung gezeigt. Im Freigelände kann der Besucher sich in verschiedenen Werkstätten über Produktions- und Arbeitsbedingungen im 19. Jahrhundert informieren.

Geopfad

Bürgerhaus „Bergischer Löwe"
Konrad-Adenauer-Platz
51465 Bergisch Gladbach
☎ (0 22 02) 3 40 51 oder 14 24 86

Der 6 km lange Geopfad vermittelt einen Einblick in die Landschaftsgeschichte der Bergisch Gladbach-Paffrather Kalkmulde. Er führt zu zahlreichen natürlichen und künstlichen Aufschlüssen in Schichten des Mittel- und Oberdevons. Massiger Riffkalkstein des Oberen Mitteldevons wurde zur Kalkherstellung gebrochen; dünnbankiger, plattiger Kalkstein fand in der Natursteinverarbeitung Verwendung. Häufig sind in den Kalkgesteinen Fossilien wie Brachiopoden, Schnecken oder Korallen zu finden, die auf den Lebensbereich eines ehemaligen Riffkomplexes hinweisen. Der Wanderweg vermittelt geologische, hydrologische und biologische Grundlagen und verbindet sie mit verschiedenen Landschaftsformen und Denkmälern zur Industriegeschichte.

Exkursionsführer

Bergkamen

Stadtmuseum

Museumsplatz 1
59192 Bergkamen-Oberaden
☎ (0 23 06) 86 76

Schwerpunkt des Museums bildet die geschichtliche Darstellung des Oberadener Römerlagers. Eine überregionale Mineraliensammlung ist in Schulen sowie in der ehemaligen Waschkaue des „Schachtes 3" im Ortsteil Rünthe untergebracht. Große Teile der mineralogischen Sammlung sind jedoch magaziniert.

Museen und ihre Prunkstücke
(von oben nach unten)

Deutsches Bergbau-Museum, Bochum, mit dem Fördergerüst der ehemaligen Schachtanlage Germania Dortmund

Schloßmuseum Bentheim, gegründet auf Bentheim-Sandstein

Ausbeutetaler von 1788 (Deutsches Bergbau-Museum, Bochum)

Schwamm *Coeloptichium princeps* aus der Oberkreide
(Westfälisches Museum für Naturkunde, Münster)

Nachbildung eines *Triceratops* vor dem Westfälischen Museum für Naturkunde, Münster

Bergneustadt

Heimatmuseum
Wallstraße 1
51702 Bergneustadt
☎ (0 22 61) 4 31 84

Das Heimatmuseum befindet sich in einem etwa 1850 auf Turmresten der Stadtmauer erbauten Fachwerkhaus. Präsentiert werden u. a. Fossilien des Devons aus der Region.

Bestwig

Erzbergwerk Ramsbeck
Erzbergbaumuseum und Besucherbergwerk
Glück-Auf-Straße 3
59909 Bestwig-Ramsbeck
☎ (0 29 05) 2 50 oder (0 29 04) 8 12 75

Bei Ramsbeck im nordöstlichen Sauerland befindet sich eine der bedeutendsten Blei-Zink-Lagerstätten Nordrhein-Westfalens. Hier wurde bis 1974 Erz aus Schichten des Mitteldevons gefördert. Erste schriftliche Urkunden über den Erzbergbau datieren aus dem frühen 16. Jahrhundert. In dem Betriebsgebäude der Grube wurde nach Stillegung ein Museum und in den Grubenanlagen ein Schaubergwerk eröffnet. Gezeigt wird die Geschichte des Erzbergbaus im Sauerland vom Mittelalter bis zur heutigen Zeit. Eine untertägige Strecke von ca. 1,5 km Länge führt mit der Grubenbahn zum ehemaligen Abbaufeld, einer Gangstrecke, in der die Blei-Zink-Erze als hydrothermal gebildete Gangerze vorliegen.

Industrie und Bergbau in Ramsbeck (Lithographie um 1850)

Biedenkopf

Hinterlandmuseum Schloß Biedenkopf
Schloß
35216 Biedenkopf
☎ (0 64 66) 17 97 oder (0 64 61) 7 91 84

Gezeigt wird die industrielle Entwicklung der Region, die mit dem Aufstieg und Niedergang des Hüttenwesens verbunden ist. Die ausgestellten Produkte der Eisenindustrie sowie anschauliche Erläuterungen zu Techniken der Erzverarbeitung geben Einblick in die historische Entwicklung der Metallgewinnung und -verarbeitung.

Bielefeld

Naturkunde-Museum im Spiegelshof
Kreuzstraße 20
33602 Bielefeld
☎ (05 21) 51 24 83

Das Museum befindet sich in einem im Stile der Weser-Renaissance errichteten Adelshof des 16. Jahrhunderts. Im historischen Kreuzgewölbe im Keller ist die ständige Ausstellung „Magma, eine Materialprobe aus großer Tiefe" untergebracht. Hier sind vor allem die vom Naturwissenschaftlichen Verein Bielefeld erkundeten Mineralneubildungen ausgestellt, die im Zusammenhang mit dem Pluton von Vlotho stehen. Anhand von Belegstücken wird die erdgeschichtliche Entwicklung des ostwestfälischen Raumes dokumentiert. Zahlreiche Sonderausstellungen ergänzen den naturkundlichen Themenkreis. Ein neues Ausstellungszentrum „Museum für Natur und Umwelt" befindet sich zur Zeit in Planung.

Broschüre, Faltblatt

Blankenheim

Kreismuseum Blankenheim
Regionalmuseum des Kreises Euskirchen für
Naturkunde und Kulturgeschichte der Nordwesteifel
Ahrstraße 57
53945 Blankenheim
☎ (0 24 49) 2 76

Dargestellt wird die Geologie der Eifel, insbesondere die der Blankenheimer Kalkmulde anhand von mitteldevonischen Fossilien und Gesteinen. Ein Modell der Kakushöhle mit Knochenfunden von Mammut und Höhlenbär vermittelt einen Einblick in die pleistozäne Lebenswelt vor 60 000 Jahren.

Geologischer Lehr- und Wanderpfad
🚶 An der Ahrquelle/Ortsmitte Blankenheim
ℹ️ Kur- und Verkehrsverein Oberahr e. V.
Rathausplatz 16
53945 Blankenheim
☎ (0 24 49) 83 33

Der insgesamt ca. 35 km lange Wanderweg zeigt geologische Aufschlüsse und montan- und industriegeschichtliche Sehenswürdigkeiten. Die hier anstehenden Schichten des Unter- und Mitteldevons zeichnen sich durch besonderen Rohstoffreichtum aus.

Über Jahrhunderte hinweg wurden hier Braun- und Roteisensteinvorkommen aus den mitteldevonischen Schichten abgebaut. Auch der qualitativ gute Kalkstein wurde gebrochen und zu Branntkalk weiterverarbeitet. Der Wanderweg führt an zahlreichen Pingen und Stollen der Eisenerzgewinnung sowie an Schachtöfen, die für das bäuerliche Kalkbrennen typisch waren, vorbei. Einige Aufschlüsse entlang des Wanderweges gelten weltweit als Standardprofile, das heißt, die Schichtenfolge ist hier in ihrer typischen Ausbildung anzutreffen. Für Gesteins- und Fossiliensammler sind entlang des Weges geeignete Aufschlüsse ausgewiesen, in denen sich mit etwas Glück versteinerte Korallen, Brachiopoden, Stromatoporen oder auch Pflanzenabdrücke finden lassen.

Blégny (B)

Puits-Marie
Tourismus-Zentrum
B-4670 Blégny
☎ (00 32-4) 3 87 43 33

„Puits-Marie", das älteste erhaltene Steinkohlenbergwerk Belgiens aus dem Jahre 1816, zeigt in eindrucksvollem Rahmen die technische Entwicklung des Steinkohlenbergbaus. Bei einem Besuch untertage werden Fördermaschinen und Abbaugeräte vorgeführt.

Bleialf

Mühlenberger Stollen
des Bleierzbergwerks „Neue Hoffnung"
Auf der Held
54608 Bleialf
☎ (0 65 55) 3 25

Das untertägige Grubengebäude wird durch den 1839 als Entwässerungsstollen angelegten Mühlenberger Stollen befahren. Bis 1954 wurden Gangerze aus Gesteinen des Unterdevons abgebaut. Haupterzmineral ist der Bleiglanz; daneben treten Schwefel- und Kupferkies sowie Weißbleierz, Silberglanz und weitere Mineralien auf.

Broschüre, Faltblatt

Bocholt

Stadtmuseum
Osterstraße 66
46397 Bocholt
☎ (0 28 71) 18 45 79

Die erdgeschichtliche Abteilung zeigt Bohrkerne, Bohrprofile und geologische Schnitte, die Aufschluß über den Bau des tieferen

Untergrundes im Raum Bocholt geben. Gesteine und Fossilien aus Bohrungen und Aufschlüssen des Westmünsterlandes repräsentieren Trias, Jura, Kreide und Tertiär. Ein Themenschwerpunkt ist dabei die marine Fauna des Miozäns. Aus dem Quartär stammen Rheingerölle, nordische Geschiebe und Knochen von eiszeitlichen Säugetieren sowie — als frühe Spuren des Menschen — Faustkeile und Werkzeuge aus Knochen.

Bochum

Deutsches Bergbau-Museum
Am Bergbaumuseum 28
44791 Bochum
☎ (02 34) 58 77-0

Das Museum beherbergt umfangreiche mineralogische, geologische und lagerstättenkundliche Sammlungen. Ein Sammlungsteil gibt einen umfassenden Einblick in die über- und untertägigen Anlagen eines Bergwerks. Ein besonderer Anziehungspunkt ist das Besucherbergwerk, das in einer Tiefe von 15 – 20 m unter dem Museumsbau errichtet wurde. Auf einer Streckenlänge von insgesamt 2,5 km Länge wird ein Eindruck von der Arbeitswelt des Bergmanns im Steinkohlenbergbau vermittelt. Das Museum ist so konzipiert, daß der Bezug zum Ruhrgebiet und der heimischen Steinkohlenlagerstätte vorhanden ist. In den Gebäuden des Museums sind sowohl das Bergbau-Archiv als auch eine umfangreiche Präsenzbibliothek untergebracht.

Filmvorführungen, Museumsführer, Broschüren

Tierpark und Fossilium
Klinkstraße 49
44791 Bochum
☎ (02 34) 59 02 12

Seit Juni 1996 ist in der Erweiterung des Aquariums im Bochumer Tierpark, dem sogenannten Fossilium, eine umfangreiche Sammlung von Versteinerungen aus den Solnhofener Plattenkalken (Jura) untergebracht. Sie enthält u. a. eine große Anzahl versteinerter Fische. Durch die Gegenüberstellung der Aquarien und der Vitrinen können die fossilen Fische mit heute noch lebenden Arten verglichen werden.

Begleitbuch

Bergbauwanderweg 1
Lottental – Stausee – Stiepel – Rauendahl
⚐ Akazienweg/Eichenweg
ℹ Presse- und Informationsamt (Rathaus)
Willi-Brandt-Platz 2 – 6
44777 Bochum
☎ (02 34) 9 10 39 75 – 78

Der 16 km lange Wanderweg berührt exemplarisch Stätten des historischen Bergbaus im Bochumer Süden. Informationstafeln machen die Bedeutung des Steinkohlenbergbaus und der Kohlenschiffahrt auf der Ruhr für die Menschen dieser Region im vorigen Jahrhundert bewußt. Texte und Grafiken geben einen Einstieg in die Erd- und Technikgeschichte dieses Raums.

Faltblatt

Bergbauwanderweg 2
Baak – Sundern
🚶 Auf der Krücke
ℹ️ Presse- und Informationsamt (Rathaus)
Willi-Brandt-Platz 2 – 6
44777 Bochum
☎ (02 34) 9 10 39 75 – 78

In Erinnerung an den frühen Bergbau in Bochum und die Kohlenschiffahrt auf der Ruhr wurde dieser 3 km lange Rundweg angelegt. Thematischer Schwerpunkt ist die Vielzahl unterschiedlicher, auf den Bergbau bezogener Transport- und Förderarten: Kohlenwege, Eisenbahn, Schiffsverladestellen und Seilbahntrassen. Informationstafeln machen auf die geologischen und bergbaulichen Besonderheiten wie den Rauendahler Sprung, den St.-Mathias-Erbstollen (Entwässerungsstollen) oder die Tiefbauzeche „Friedlicher Nachbar" aufmerksam. Die Bergbauwanderwege 1 und 2 lassen sich durch Verbindungswege miteinander verknüpfen.

Faltblatt

Geologischer Garten
Querenburger Straße
44789 Bochum-Wiemelhausen
ℹ️ Presse- und Informationsamt (Rathaus)
Willi-Brandt-Platz 2 – 6
44777 Bochum
☎ (02 34) 9 10 39 75 – 78

In einem ehemaligen Ziegeleisteinbruch, der von der früheren Steinkohlen- und Eisensteinzeche Friederica betrieben wurde, geben Aufschlüsse in den Schichten des Steinkohle führenden Oberkarbons und der Kreide Einblick in die Geologie dieses Raumes.

Industrielehrpfad
Gerthe – Grumme – Hiltrop
🚶 Wiechernstraße oder Auf der Bochumer Landwehr
ℹ️ Presse- und Informationsamt (Rathaus)
Willi-Brandt-Platz 2 – 6
44777 Bochum
☎ (02 34) 9 10 39 75 – 78

Der knapp 20 km lange industriegeschichtliche Lehrpfad ist als Fahrradtour konzipiert. Er verfolgt auf 18 Stationen Spuren des geographischen, wirtschaftlichen und gesellschaftlichen Strukturwandels durch die Industrialisierung. 1870 sorgten die ansässigen Zechen Lothringen und Constantin mit neuen Schächten, Kokereien und Benzolfabriken für den Zustrom neuer Arbeitskräfte. Ein weitgehend ländlich geprägter Raum wurde so stark verändert.

Broschüre

Wanderweg durch den historischen Bergbau in Dahlhausen
🚶 Park-and-Ride Parkplatz
Bahnhof Bochum-Dahlhausen
ℹ️ Presse- und Informationsamt (Rathaus)
Willi-Brandt-Platz 2 – 6
44777 Bochum
☎ (02 34) 9 10 39 75 – 78

32 Stationen entlang des ca. 10 km langen Wanderweges geben Einblick in den historischen Steinkohlenbergbau und die Geologie des Bochumer Südens. Der Wanderweg führt an einem 1790 angelegten Stollenmundloch der Zeche General sowie am Maschinenhaus und Wetterschacht der Tiefbauzeche Hasenwinkel vorbei. An der Ruhr zeugt ein Leinpfad, auf dem früher die Treidelpferde die Kohlentransportkähne flußaufwärts schleppten, von der Bergbaugeschichte dieser Region.

Faltblatt

Wattenscheider Bergbauwanderweg
Höntrup – Eppendorf
🚶 Realschule Höntrup
Höntruper Straße
ℹ️ Presse- und Informationsamt (Rathaus)
Willi-Brandt-Platz 2 – 6
44777 Bochum
☎ (02 34) 9 10 39 75 – 78

Dieser etwa 5 km lange Wanderweg zeigt die Entwicklung des Steinkohlenbergbaus vom frühesten Stollenbetrieb bis zur großen Schachtanlage. Er vermittelt Einblicke in die Geschichte dieses Wirtschaftszweiges und gibt Hinweise zur geologischen Entwicklung des Wattenscheider Raumes.

Faltblatt, Broschüre in Vorbereitung

Zeche Hannover
Günningfelder Straße
44793 Bochum-Hordel
ℹ️ Westfälisches Industriemuseum
Grubenweg 5
44388 Dortmund-Bövinghausen
☎ (02 31) 6 96 10

Die 1870 eröffnete Schachtanlage wurde 1973 als letzte Bochumer Zeche stillgelegt. Die ältesten Kernbauten blieben vom Abriß verschont und sind seit 1981 Teil des Westfälischen Industriemuseums. Nach Abschluß der Bauarbeiten bieten Hordel und die Zeche Hannover ideale Voraussetzungen, um die zentralen Themen der Entwicklung des Ruhrgebiets zu dokumentieren: den Einbruch der Großindustrie in eine ländliche Region durch die Erschließung der Steinkohlenvorkommen, das Problem des Bevölkerungswachstums durch Fremdarbeiter, die auf den Zechen als Arbeitskräfte gebraucht wurden, und die damit verbundenen sozialen Probleme. Das Museum befindet sich zur Zeit noch im Aufbau.

Bonn

Mineralogisch-Petrologisches Institut und Museum der Universität Bonn
Schloß Poppelsdorf
53115 Bonn
☎ (02 28) 73 27 61

Mit der Gründung der Universität 1818 wurde im Poppelsdorfer Schloß das „Naturhistorische Museum der Universität" eingerichtet, aus dem das heutige Museum hervorgegangen ist. Im Mittelpunkt steht eine Ausstellung zur Systematik der Mineralien. Die petrographische Sammlung zeigt die Vielfalt der Gesteine, die die Erdkruste aufbauen. Im Lagerstättensaal werden die unterschiedlichen Vorkommen der nutzbaren Rohstoffe und ihre Entstehung demonstriert. Der Edelsteinsaal kann als das „Schmuckkästchen" des Museums bezeichnet werden.

Goldfuß-Museum
Institut für Paläontologie der Universität
Nußallee 8
53115 Bonn
☎ (02 28) 73 31 03 oder 73 31 05

Das Museum präsentiert eine umfangreiche Fossiliensammlung u. a. mit einer Dokumentation des Lebenszyklus der Fischsaurier durch Funde vom Jungtier bis zum schwangeren Muttertier. Glanzpunkt ist ein original erhaltener Ausstellungsraum aus dem Jahre 1910. Dieses „Museum im Museum" bringt besonders die ästhetische Seite der Fossilien zur Geltung. Neue Entwicklungen und besonders interessante Themen auf dem Gebiet der Paläontologie werden in Sonderschauen vorgestellt.

Zoologisches Forschungsinstitut und Museum Alexander Koenig
Adenauer Allee 150 – 164
53113 Bonn
☎ (02 28) 9 12 20

Das Museum im „Geburtshaus" der Bundesrepublik Deutschland ist eines der bedeutendsten zoologischen Museen unseres Landes. Es bietet einen ausgezeichneten Einblick in die Vielfalt des Lebens. Die Mechanismen der Evolution, des Aussterbens alter und der Entwicklung neuer Lebensformen werden anhand von Beispielen aus der Erdgeschichte erläutert. Ein Überblick über alle Wirbeltierklassen und zahlreiche Insektenordnungen mit stammesgeschichtlichen und biologischen Hinweisen wird vermittelt. Ein Vivarium mit lebenden Reptilien ergänzt den Streifzug durch die Zoologie.

Geologischer Lehr- und Wanderpfad
[🚶] Hochkreuzallee/Pfarrer-Merk-Straße
[i] Stadtverwaltung Bonn
Berliner Platz 2
53103 Bonn
☎ (02 28) 77 39 15

Der 9 km lange Rundweg durch den Kottenforst bietet mit 20 Erläuterungstafeln dem interessierten Laien sowie dem Fachmann einen Einblick in die regionale Geologie.
Faltkarte, Exkursionsführer

Borken (Hess.)

Nordhessisches Braunkohle-Bergbaumuseum
Am Amtsgericht 2
34582 Borken (Hess.)
☎ (0 56 82) 57 38

Das nordhessische Revier zählt zu den ältesten urkundlich belegten Braunkohlenbergbaugebieten Deutschlands. Im Museum werden das Vorkommen und die geologische Struktur der tertiären Braunkohlenlagerstätte sowie die technische Entwicklung des Abbaus im Borkener Braunkohlenbecken mit Hilfe von originalen Arbeitsgeräten und Modellen dargestellt.

Borken (Westf.)

Stadtmuseum
Marktpassage 6
46325 Borken (Westf.)
☎ (0 28 61) 6 60 07

Dargestellt wird die regionale Geologie mit zahlreichen Belegstücken vor allem zur Kreide und zum Quartär.

Bottrop

Museum für Ur- und Ortsgeschichte
Im Stadtgarten 20
46236 Bottrop
☎ (0 20 41) 2 97 16

Das Museum ist Teil des Museumszentrums Quadrat. Es umfaßt folgende Dauerausstellungen: Eiszeitalter und Altsteinzeit, Archäologie, Geologie und Paläontologie, Mineralogie und Ortsgeschichte. Schwerpunkt ist die Darstellung des Eiszeitalters und seiner Lebenswelt, belegt durch eine äußerst umfangreiche Sammlung eiszeitlicher Säugetiere aus dem Emschertal. Dazu gehören die Reste von Wollnashörnern, Mammuts, Höhlenbären, Braunbären, Höhlenhyänen, Höhlenlöwen, Wölfen, Rentieren, Wisenten, Riesenhirschen, Elchen und zahlreichen anderen Tieren. Die Tier- und Pflanzenwelt des Eiszeitalters wird ergänzt durch die Darstellung der Entwicklung des Menschen in der Eiszeit. Daran schließt sich thematisch der archäologische Ausstellungsteil an.

Begleitbuch, Broschüren

Breitscheid (Hess.)

Ausstellung zur Erd- und Vorgeschichte
Mühlweg 4 (Dorfgemeinschaftshaus)
35767 Breitscheid-Erdbach
☎ (0 27 77) 13 12 oder 4 04

Die regionale Geologie wird durch Gesteine und Fossilien aus dem Oberdevon, dem Karbon und dem Tertiär dokumentiert. Die tertiären Floren und Faunen stammen aus den Braunkohlengruben von Breitscheid. Knochen von Höhlenbär, Wollnashorn und Mammut belegen den jüngsten Abschnitt der Erdgeschichte — das Quartär — und leiten über zu den vor- und frühgeschichtlichen Spuren des Menschen.

Brilon

Stadtmuseum
Heinrich-Jansen-Weg 6
59929 Brilon
☎ (0 29 61) 79 42 44

Präsentiert werden Gesteine, Mineralien und Fossilien aus dem in dieser Region anstehenden Massenkalk (Mittel- bis Oberdevon). Berühmt wurde der Ortsteil Nehden durch die Funde von Knochenresten von Sauriern der Gattung *Iguanodon* (Kreide). Die Grabungsfunde werden in der Ausstellung gezeigt. Außerdem wurden eine Skelett- und Lebensnachbildung erstellt.

Brüggen

Jagd- und Naturkundemuseum
Burg Brüggen
Burgwall 2
41379 Brüggen
☎ (0 21 63) 52 79

Rekonstruktion der Handhabung einer Speerschleuder (ca. 15 000 Jahre vor heute)

Das Museum befindet sich in den Räumen der mittelalterlichen Burg Brüggen. In der erdgeschichtlichen Abteilung wird die Entwicklungsgeschichte der Erde vom Urknall bis zum Auftreten des frühen Menschen aufgezeigt. Anhand eines Modells wird der Schalenaufbau der Erde sowie die Entstehung und Wanderung der Kontinente erläutert. Auch Gesteine, Mineralien und Fossilien zeigen Schritte in der Entwicklungsgeschichte. Bohrkerne informieren über die Erkundung des tieferen Untergrundes. Hauptschwerpunkt der erdgeschichtlichen Ausstellung ist das Zeitalter des Quartärs. Ein Diorama verdeutlicht die Lebenswelt des Eiszeitalters; fossile Knochenreste vom Mammut, Waldelefanten und Steppenwisent belegen die Fauna. Knochen- und Steinartefakte von verschiedenen Fundplätzen weisen das Auftreten des frühen Menschen im Niederrheingebiet nach. Eine Höhlennachbildung — geschickt in ein Turmgewölbe der Burg integriert — verbunden mit einer Videopräsentation bringt dem Besucher die harten Lebens- und Wohnbedingungen des Menschen während des Eiszeitalters nahe.

Bückeburg

Landesmuseum für schaumburg-lippische Geschichte, Landes- und Volkskunde
Lange Straße 22
31675 Bückeburg
☎ (0 57 22) 48 68

Das Museum ist in dem um 1550 errichteten Burgmannshof untergebracht. Im deutlichen Gegensatz zu der sonst modernen Präsentation sind die paläontologische und die urgeschichtliche Sammlung im Stil eines Kuriositätenkabinetts eingerichtet.

Bünde

Kreisheimatmuseum Bünde
Striediecks Hof
Fünfhausenstraße 8 – 12
32257 Bünde
☎ (0 52 23) 16 13 25

Das Kreisheimatmuseum zeigt eine umfangreiche, breit angelegte paläontologische Sammlung als besondere Abteilung innerhalb des Museums, in deren Mittelpunkt die bekannte Oligozän-Fundstätte Doberg mit einer Vielzahl prächtig erhaltener Versteinerungen aus dem Tertiär steht. Zur Zeit wird ein Neubau auf dem Nachbargrundstück errichtet: das „Doberg-Museum — Geologisches Museum Ostwestfalen-Lippe".

Museumsführer

Büren

Kreismuseum Wewelsburg
Burgwall 19
33142 Büren-Wewelsburg
☎ (0 29 55) 61 08 oder 71 20

Gezeigt wird die erdgeschichtliche Entwicklung des ostwestfälischen Hügellandes anhand von Gesteinen und Fossilien, vor allem aus den Ablagerungen der Kreide und des Quartärs.

Geologischer Radrundweg Paderborner Land
🚶 Parkplatz an der Mallinckrodtstraße
ℹ️ Touristikzentrale Paderborner Land e. V.
Königstraße 16
33142 Büren
☎ (0 29 51) 97 03 00

Der 38 km lange Rundweg für Radwanderer lädt ein, die landschaftlichen Besonderheiten und den geologischen Aufbau der Paderborner Hochfläche kennenzulernen. An 17 Haltepunkten werden typische Gesteine aus der Kreide, historische Sehenswürdigkeiten und die speziellen Probleme der Wasserversorgung auf der Paderborner Hochfläche vorgestellt.

Exkursionsführer, Broschüre, Faltblatt

Burgsteinfurt

Geschiebemuseum Schäfer
Gleiwitzer Straße 20
48565 Steinfurt
☎ (0 25 51) 56 67

Gezeigt werden eiszeitliche Geschiebe (Pleistozän) aus dem Münsterländer Kiessandzug.

Castrop-Rauxel

Heimatkundliche Sammlung
Stadtarchiv
44575 Castrop-Rauxel
☎ (0 23 05) 1 06 24 26

Die geologische Lehrschau enthält vor allem Gesteine und Fossilien, die bei Schachtabteufungen aus dem postkarbonen Deckgebirge gewonnen wurden oder aus oberkarbonen Gesteinen der Steinkohlenschichten stammen. Die Sammlung ist zur Zeit magaziniert.

Coesfeld

Stadtmuseum im Walkenbrückentor
Mühlenplatz
48653 Coesfeld
☎ (0 25 41) 47 23

Schon seit den Anfängen der geologischen Erforschung des Münsterlandes ist der Raum Coesfeld durch seine reichen Fossilfunde bekannt. Die Präsentation zeigt Kopffüßer, Muscheln, Seeigel und

Schwämme, aber auch Pflanzenreste. Diese Versteinerungen stammen aus den Carbonatgesteinen des Campans (Oberkreide), die in dieser Region zutage treten.

Daaden

Heimatmuseum des Daadener Landes 🅜
Martin-Luther-Straße 52
57567 Daaden
☎ (0 27 43) 63 23

Dargestellt ist die Geschichte des mehr als 2 000 Jahre alten und 1965 aus wirtschaftlichen Gründen aufgegebenen Siegerländer Erzbergbaus durch Dokumente, Fotografien, Gesteine, Erze und Mineralien vor allem aus dem Bezirk Daaden. Ergänzt wird die Präsentation durch eine umfangreiche Sammlung historischer Grubenleuchten.

Damme

Stadtmuseum 🅜
Lindenstraße (alter Bahnhof)
49401 Damme
☎ (0 54 91) 46 22 oder 29 14

Dargestellt wird der Eisenerzbergbau der Region. Zwischen 1944 und 1967 wurden durch die „Erzbergbau Porta-Damme AG" ca. 10 Mio. Tonnen Eisenerze (u. a. Brauneisenstein) mit einem Fe-Gehalt von 20 – 25 % aus Oberkreide-Sedimenten gefördert. Kernstück der Bergbauabteilung des Museums ist der Nachbau einer Abbaukammer. Daneben finden sich Geräte, Maschinen, Materialien, Modelle und Fotos aus dem Untertage- und Übertagebetrieb. Paläontologische Funde aus der Dammer Oberkreide sowie mineralogische Raritäten werden gezeigt.

Faltblatt

Datteln

Hermann-Grochtmann-Museum 🅜
Genthiner Straße 7
45711 Datteln
☎ (0 23 63) 10 73 70

Dargestellt ist die erdgeschichtliche Entwicklung der Region durch Gesteine, Mineralien und Fossilien vor allem aus dem Karbon, der Kreide und dem Quartär.

Daun

**Eifel-Vulkanmuseum
und Geo-Zentrum Vulkaneifel**
Leopoldstraße 9
54550 Daun
☎ (0 65 92) 98 53 53/54

Das Vulkanmuseum ist Teil des Geo-Zentrums Vulkaneifel. Vorgestellt werden die Landschaften und die erdgeschichtliche Entwicklung der Vulkaneifel. Informationstafeln, Fotos und Exponate von der Vulkaneifel — heute tätigen Vulkanen Europas und Asiens gegenübergestellt — sowie ein Vulkanmodell vermitteln dem Besucher ein hautnahes Erleben vulkanischer Tätigkeit. Eine Karte zeigt die aktiven Vulkane der Erde und deutet die Großschollen der Erdkruste an, die über einem glutflüssigen Untergrund schwimmen. Mit einem Computerprogramm kann man sich interaktiv auf eine Zeitreise begeben, die Bewegung und Verteilung von Kontinenten und Ozeanen in der erdgeschichtlichen Vergangenheit nachvollziehen, aber auch einen Blick in die Zukunft wagen und sich die künftige Verteilung von Land und Meer auf der Erde zeigen lassen. In Vitrinen wird anhand zahlreicher Beispiele der Kreislauf der Gesteine verdeutlicht. Im Eifel-Vulkanmuseum befindet sich auch der Sitz des Geo-Zentrums Vulkaneifel. Es verknüpft die Gesamtheit aller geologischer Einrichtungen der Vulkaneifel und leistet als „Dachinstitution" eine umfassende Öffentlichkeitsarbeit. Das Geo-Zentrum verfügt über die nötige Infrastruktur für Tagungen, Kongresse und Vorträge; es bietet auch die Möglichkeit, Lehrveranstaltungen für Schulen, Gruppen und naturkundlich interessierte Bürger in Theorie und Praxis durchzuführen. Die geologischen Einrichtungen Geo-Pfad Hillesheim, Geo-Park Gerolstein (s. auch Hillesheim und Gerolstein) und Geo-Route Manderscheid (nicht in diesen Führer aufgenommen) kooperieren im Geo-Zentrum Vulkaneifel.

Aktionstage, Publikationen, Broschüren, Faltblätter, Exkursionsführer

Delden (NL)

Salzmuseum
Langestraat 30
NL-7491 AG Delden
☎ (00 31-54 07) 6 45 46

Hauptthema der Ausstellung sind die mächtigen Stein- und Kalisalzvorkommen aus dem Zechstein im Untergrund der niederländischen Provinz Twente. Anhand typischer Bohrkerne, Gesteine, Salzmineralien und entsprechender Grafiken werden Entstehung, Mächtigkeit und Struktur der Salzlagerstätte gezeigt. Mit Modellen und in Grafiken werden die einzelnen Verfahren der Salzgewinnung demonstriert. Weitere Ausstellungsbereiche widmen sich den Themen „Salz in der Chemie", „Salz und Leben", „Salz und Kultur". Eine umfangreiche Sammlung von Salzstreuern aus verschiedenen Ländern und vielen Jahrhunderten rundet das salzige Thema ab.

Denekamp (NL)

Naturmuseum „Natura Docet"
Oldenzaalsestraat 39
NL-7591 GL Denekamp
☎ (00 31-54 13) 5 13 25 oder 5 35 92

„Natura Docet" ist das älteste naturhistorische Museum der Niederlande. Der Name des Museums bedeutet wörtlich übersetzt: Die Natur lehrt. Dargestellt wird die Geschichte der Erde und die Entwicklung des Lebens. Schwerpunkt der Ausstellung sind Fossilien aus Schichten der Unterkreide am Rand des Münsterländer Kreide-Beckens, insbesondere Funde aus dem Gildehaus- und Bentheim-Sandstein. Im Museum ist ein Raritätenkabinett eingerichtet.

Ferienaktionen, Filmvorführungen, Begleitbuch, Faltblatt

Detmold

Lippisches Landesmuseum
Ameide 4
32756 Detmold
☎ (0 52 31) 2 52 32

Schwerpunkt der geowissenschaftlichen Sammlung sind die Geologie und die Paläontologie des ostwestfälisch-lippischen Raumes. Die meisten Funde stammen aus dem Jura und der Kreide. Eine mineralogische Sammlung und die Darstellung der für Ostwestfalen typischen Böden ergänzen die Präsentation.

Museumsführer, Begleitbuch

Diemelsee

**Besucherbergwerk „Grube Christiane"
und Museum**
Bredelaer Straße
34519 Diemelsee-Adorf
☎ (0 56 33) 59 55

In der Eisenerzgrube Christiane wurde Roteisenstein aus dem Oberdevon abgebaut. Der nachweislich seit 1273 betriebene Eisenerzbergbau entwickelte sich von kleinen Pingenbetrieben über die einfachen Schächte des Mittelalters zu einer ab 1938 leistungsfähig arbeitenden Tiefbau-Verbundgrube. Im Jahr 1963 mußte die Grube schließen. Heute ist eine Befahrung des 700 Jahre alten Eisenerzbergwerks durch den Karl-Ludwig-Erbstollen möglich. Eine umfangreiche Gesteins- und Mineraliensammlung befindet sich im angrenzenden Museum. Der geologisch interessierte Besucher sollte in eine Befahrung auch den benachbarten Tagebau Martenberg einschließen.

Dillenburg

**Wirtschaftsgeschichtliches Museum
„Villa Grün"**
Am Schloßberg 3
35683 Dillenburg
☎ (0 27 71) 9 61 59

Das Museum zeigt die Geschichte des für das Dillgebiet bedeutenden Erzbergbaus, der in den 60er Jahren dieses Jahrhunderts zum Erliegen kam und der weitgehend auf dem Vorkommen des devonischen Roteisensteins basierte. Ausstellungsstücke zum Bergbau sowie zum Hütten-, Gießerei- und Walzwerkwesen werden gezeigt wie auch Dokumente und Ausschnitte aus den Produktionen der jahrhundertealten Firmen des Dillgebiets. Darüber hinaus ist eine Mineraliensammlung zu sehen.

Bergbauwanderwege im Schelderwald
[i] Stadt Dillenburg
Hauptstraße 19
35683 Dillenburg
☎ (0 27 71) 9 61 17

Der Eisenerzbergbau, der seinen Höhepunkt in der Mitte dieses Jahrhunderts erlebte, war lange Zeit Hauptwirtschaftsfaktor der Region Schelderwald im ehemaligen Dillkreis. Die Grube „Königszug" mit über 500 Beschäftigten zählte zu den größten Bergwerken in Hessen. Das abrupte Ende des Bergbaus kam 1960; der Abbau des devonischen Roteisensteins konnte gegen die internationale Konkurrenz nicht mehr bestehen. Auf drei ausgearbeiteten Wanderstrecken kann man Relikte des ehemaligen Erzbergbaus sehen. Wanderroute 1 beginnt in Nanzenbach, 5 km nordöstlich von Dillenburg, am Wasserwerk an der Straße nach Hirzenhain. Der ca. 7 km lange Weg führt an ehemaligen Pingen, Stollenmundlöchern und Übertageanlagen vorbei. Wanderroute 2 beginnt in Eibach, 5 km östlich von Dillenburg, an der Eibacher Grillhütte auf dem Ölsberg. Diese 5 km lange Strecke berührt sechs ehemalige Gruben, darunter auch die Übertageanlagen der Zeche „Königszug". Wanderroute 3 (6 km lang) beginnt am Schwimmbad in Oberscheld, 6 km östlich von Dillenburg. Auf diesem Weg kann man u. a. das herrlich restaurierte Stollenmundloch der Grube „Ypsilanta" sehen. Alle drei Wanderwege lassen sich auch miteinander kombinieren.

Exkursionsführer

Doesburg (NL)

Regionalmuseum De Roode Toren
Roggestraat 9 – 13
NL-6981 BJ Doesburg
☎ (00 31-3 13) 47 42 65

Das Museum zeigt eine kleine Sammlung zur Geologie und Landschaftsgeschichte der Region.

Dormagen

Haus Tannenbusch, Wildpark, Geopark
Im Tannenbusch
41540 Dormagen-Delhoven
[i] Stadt Dormagen, Grünflächenamt
Mathias-Giesen-Straße 11
41540 Dormagen
☎ (0 21 33) 5 38 71

Die etwa 12 ha große Anlage besteht aus dem Haus Tannenbusch, einem Wildpark und einem Geopark. Die Einrichtung eines Schulbauernhofs innerhalb des Wildparks ist geplant. Im Haus Tannenbusch (früher Waldbildungsstätte) werden in einer kleinen Ausstellung vier Lebensräume der Dormagener Landschaft, die eng mit der Flußgeschichte des Rheins verbunden ist, gezeigt. Auf einer etwa 5 ha großen Fläche entstand mit Unterstützung der Schutzgemeinschaft Deutscher Wald ein nach landschaftsgärtnerischen Gesichtspunkten angelegter Geopark. Angepflanzt sind selten gewordene oder vom Aussterben bedrohte Kräuter, Sträucher und Bäume. Im Eingangsbereich des Geoparks informieren Schautafeln über die Entstehung und wissenschaftliche Einteilung der Gesteine. Gesteinsblöcke aus verschiedenen Zeitabschnitten dokumentieren die Erdgeschichte vom Kambrium bis zum Quartär. Eine „geologische Uhr" verdeutlicht die Etappen der erdgeschichtlichen Entwicklung und die gewaltige Dauer geologischer Zeitabschnitte.

Dornburg

Dorfmuseum Wilsenroth
Bahnhofstraße 2
65599 Dornburg-Wilsenroth
☎ (0 64 36) 23 08 oder 27 65

Gezeigt wird die Geologie und Geschichte des Naturdenkmals Dornburg, einer Basaltkuppe. Ein Landschaftsmodell zeigt das 37 ha große Plateau, auf dem sich während der späten Hallstattzeit eine befestigte Höhensiedlung keltischer Stämme befand.

Dorsten

Heimatmuseum
Am Markt 1 (altes Rathaus)
46282 Dorsten
☎ (0 23 62) 2 57 25

Die regionale Geologie wird am Beispiel von Gesteinen, Mineralien und Fossilien vor allem aus dem Karbon, der Kreide und dem Quartär gezeigt. Attraktion ist der teilweise rekonstruierte Schädel eines eiszeitlichen Mammuts.

Dortmund

Museum für Naturkunde
Münsterstraße 271
44145 Dortmund
☎ (02 31) 5 02 48 56

Zu den Sammlungsbeständen des Museums mit ca. 2 000 m² Ausstellungsfläche gehören Mineralien, Gesteine und Fossilien aus aller Welt. Gezeigt werden Geologie und Paläontologie des Raumes Dortmund und des östlichen Ruhrgebiets. In der Eingangshalle des Museums sind lebensgroße Nachbildungen von Sauriern zu sehen. Im Untergeschoß befindet sich ein Schaubergwerk zur Erz- und Mineralgewinnung. Eine 35 m lange Förderstrecke mit einem aus der ehemaligen Blei-Zink-Erzgrube „Lüderich" bei Untereschbach (Bergisches Land) übernommenen Fördergerüst werden gezeigt. Die Dachschiefergewinnung untertage, der Kalkspat- und Blei-Zinkerz-Bergbau im Sauerland sowie der Roteisensteinbergbau im Lahn-Dill-Gebiet werden erläutert. In der etwa 5 ha großen Außenanlage des Museums befindet sich ein geologischer Lehrgarten mit Gesteinsblöcken. Ein Teil der Anlage ist als fossiler Braunkohlenwald gestaltet und mit Gehölzen bepflanzt, die schon in den tertiären Sumpfwäldern wuchsen.

Ferien- u. Freizeitaktionen, Faltblätter, Museumsführer, Begleitbücher

Zeche Zollern II/IV
Westfälisches Industriemuseum
Grubenweg 5
44388 Dortmund-Bövinghausen
☎ (02 31) 6 96 10

Die Schachtanlage der Zeche Zollern II/IV, zwischen 1898 und 1904 als Musteranlage errichtet, wurde später kaum modernisiert und blieb bis zur endgültigen Stillegung 1966 als nahezu geschlossenes, heute denkmalgeschütztes Ensemble erhalten. Außenanlage und Maschinenhalle stehen interessierten Besuchern offen. Das Museum befindet sich zur Zeit im Aufbau; es soll nach seiner Fertigstellung die Themen Arbeit und Alltag der Bergleute dokumentieren.

Geologischer Lehrgarten im Westfalenpark
[i] Westfalenparkbüro
An der Buschmühle 3
44139 Dortmund
☎ (02 31) 5 02 61 05

Der geologische Lehrgarten liegt im Westfalenpark. In einer „Erdzeituhr" findet man gekürzt auf einen Tag die gesamte Erdgeschichte abgetragen. Gesteine vom Kambrium bis zum Quartär sind in einzelnen Segmenten dargestellt. In ihrer Verlängerung leiten die Segmente in den Freiraum des Lehrgartens über. Die Entwicklungsgeschichte der Tier- und Pflanzenwelt und verschiedene Gesteine werden aufgezeigt. Ein Schaukasten informiert über den Gesteinsaufbau der Erde.

Begleitbuch

Syburger Bergbauweg
Hohensyburgstraße
44265 Dortmund-Syburg
☒ Förderverein Bergbauhistorischer Stätten
Ruhrrevier e. V., Arbeitskreis Dortmund
Baroper Straße 235b
44227 Dortmund
☎ (02 31) 75 13 38 oder 71 36 96

Auf diesem 2,5 km langen Wanderweg wird der Bergbau im Naherholungsgebiet Hengsteysee dargestellt. Zahlreiche Stollenmundlöcher sowie Erläuterungstafeln zum Bergbau und zur Geologie dokumentieren den mehr als 400 Jahre alten Steinkohlenbergbau in diesem Raum. Ein freigelegter und gesicherter Stollen kann von kleinen Gruppen in entsprechender Ausrüstung (Gummistiefel, Helm, und Taschenlampe mitbringen) besichtigt werden.

Broschüre

Duisburg

Naturwissenschaftliches Museum Duisburg
Studio der Heimat
Am See 22
47279 Duisburg-Wedau
☎ (02 03) 2 83 73 65 oder 33 06 37

Die erdgeschichtliche Entwicklung wird anhand des Kreislaufs der Gesteine erklärt. Flußgerölle aus Rhein, Maas und Ruhr sowie Versteinerungen von Pflanzen und Tieren, darunter Skelettreste einer Seekuh aus dem Tertiär und eines eiszeitlichen Mammuts, vervollständigen die Präsentation. Weiterhin werden Zuschlagstoffe der in der Region verhütteten Erze vorgestellt.

Haus der Naturfreunde Duisburg
Düsseldorfer Straße 565
47055 Duisburg-Wanheimerort
☎ (02 03) 35 73 02

Das Museum präsentiert eine überregionale Fossil- und Mineraliensammlung. Ein Schwerpunkt liegt auf den oberkarbonen Pflanzen des Ruhrgebiets.

Museumsführer

Düsseldorf

Löbbecke-Museum und Aquazoo
Kaiserswerther Straße 380
40474 Düsseldorf-Stockum
☎ (02 11) 8 99 61 50

Das Museum liegt im Nordpark. Grundstock der Präsentation bildete die Sammlung des Apothekers und Privatgelehrten Theodor Löbbecke. Die Idee des Museums ist es, die Eigenarten der Lebewesen aufzuzeigen und dabei die Darbietung eines Naturkundemuseums mit der eines Aquariums zu verbinden. In zahlreichen Großaquarien, Terrarien, Insektarien und Vitrinen sind Themen wie „Anpassung höherer Wirbeltiere an das Leben im Wasser", „Lebensraum Korallenriff", „Lebensraum Wüste", „Geschichte des Lebens", „Mensch und Umwelt" und vieles mehr zu bestaunen. Neben der wissenschaftlichen Sammlung zur Zoologie gibt es auch solche zur Geologie, Paläontologie und Mineralogie.

Ferien- und Freizeitprogramme, Lehrerfortbildung, naturwissenschaftliche Beratung, Broschüren, Begleitbücher

Landesmuseum Volk und Wirtschaft
Ehrenhof 2
40479 Düsseldorf
☎ (02 11) 4 92 11 08

Geologische, bodenkundliche und rohstoffkundliche Fragestellungen werden bei den Themen „Bergbau und Energiewirtschaft", „Eisen und Stahl", „Landwirtschaft und Welternährungslage" sowie „Wasserwirtschaft und Umweltschutz" behandelt. Die unterschiedlichen Darstellungsarten wie Grafiken, Modelle, Dioramen, Karten oder Filme sollen die abstrakten Zusammenhänge zwischen Rohstoffgewinnung — Volkswirtschaft — Gesellschaft deutlich machen. Ein besonderer Schwerpunkt wird hierbei auf die heimischen Rohstoffe Steinkohle und Braunkohle, ihre Vorkommen sowie die Gewinnung und Verwendung gelegt. Im Untergeschoß des Museums befindet sich ein originalgetreu eingerichtetes und begehbares Schaubergwerk. Auf einer Gesamtlänge von rund 50 m wird dem Besucher ein Eindruck von alten und modernen Verfahren der Kohlengewinnung vermittelt. Das Landesmuseum ist zur Zeit wegen Umbau geschlossen. Es soll Ende 1998 wiedereröffnet werden.

Broschüren

Naturkundliches Heimatmuseum Benrath
Benrather Schloßallee 102
40597 Düsseldorf
☎ (02 11) 8 99 72 19

Ein Schwerpunkt dieses Museums ist der Rhein als landschaftsprägendes Element sowie seine fossile und heutige Lebenswelt. Auch Böden, Tiere und Pflanzen in der niederrheinischen Flußlandschaft werden vorgestellt.

Museen und ihre Prunkstücke
(von oben nach unten)

Mammutskelett im Erdgeschichtssaal des
Geologisch-Paläontologischen Museums, Münster

Rauchquarz (Mineralien-Museum, Essen-Kupferdreh)

Quarz-Doppelender (Mineralien-Museum, Essen-Kupferdreh)

Nachbildung eines Hais der Perm-Zeit (Goldfuß-Museum, Bonn)

Höhlenbären und Wollnashornskelette vor einer Fährtenplatte
(Museum für Ur- und Ortsgeschichte, Bottrop)

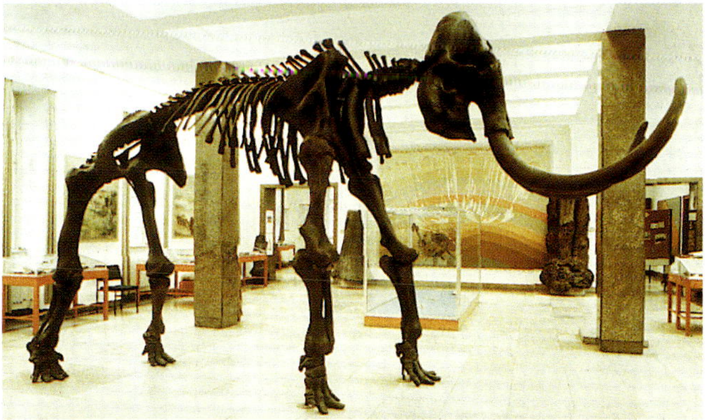

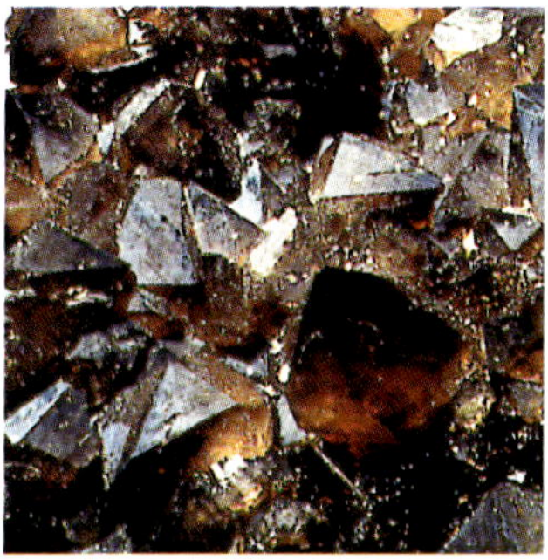

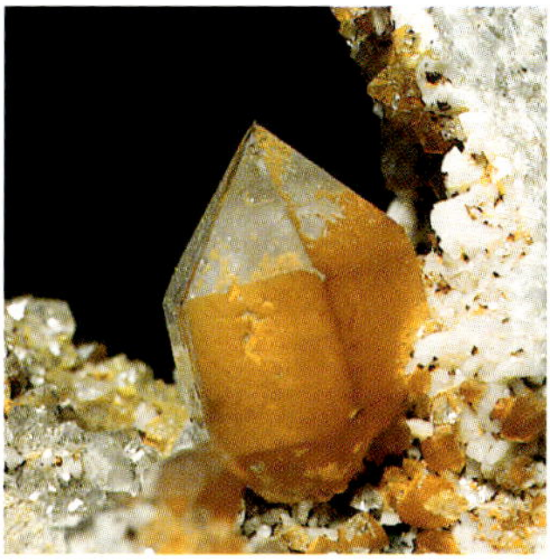

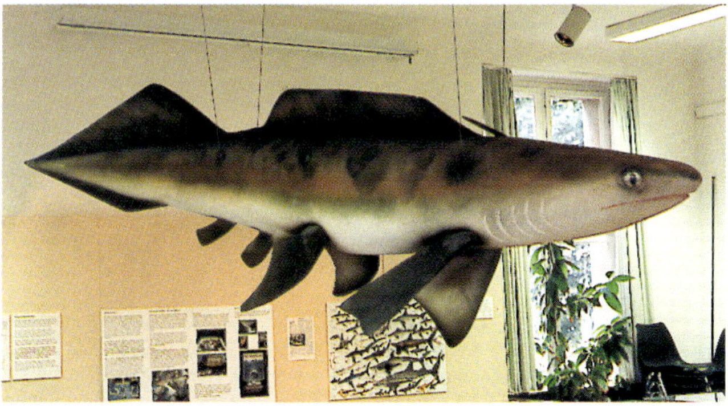

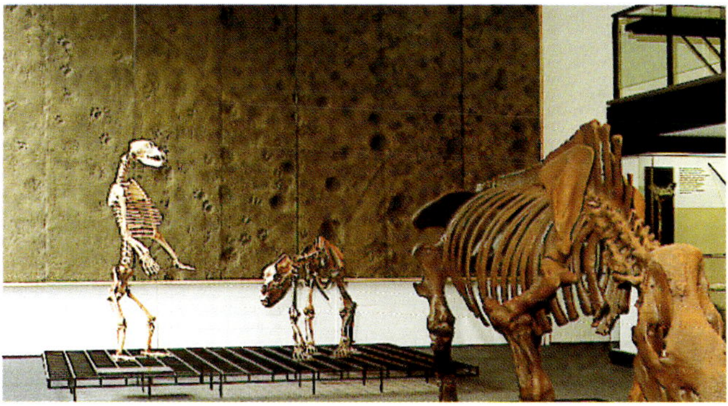

Echt (NL)

Gemeentemuseum
Plats 1
NL-6101 AP Echt
☏ (00 31-4 75) 47 84 51

Schwerpunkt der Präsentation ist die Darstellung der Geologie und Landschaftsgeschichte der Provinz Limburg. Als Schaustücke werden Gesteine und Fossilien aus Devon, Jura, Kreide und Tertiär, quartäre Gerölle aus Rhein und Maas sowie die fossilen Reste eines Finnwals gezeigt.

Engelskirchen

Wanderweg entlang der Leppe zum Oelchenshammer
🚶 Parkplatz SB-Markt,
Ecke Im Grengel/Feckelsberger Weg
ℹ️ Rheinisches Industriemuseum
Außenstelle Engelskirchen
Engelsplatz 2
51766 Engelskirchen
☏ (0 22 63) 2 01 14 oder 2 01 15

Der Oelchenshammer ist ein historischer Schmiedehammer im Leppetal. Auf dem Weg zur historischen Hammeranlage gibt es Spuren des Bergbaus und der eisenverarbeitenden Industrie.

Exkursionsführer

Aggertalhöhle in Ründeroth
ℹ️ Gemeindeverwaltung
Engelsplatz 4
51766 Engelskirchen
☏ (0 22 63) 8 31 37

In dem 600 m langen Höhlenlabyrinth durchwandert man verschiedene Zonen eines 370 Mio. Jahre alten Riffkomplexes aus dem Mitteldevon mit brandungszerschlagenen Korallenblöcken oder feinkörnigen Lagunenablagerungen. Die Höhle ist seit rund 200 Jahren bekannt und seit 1930 für Besucher zugänglich.

Broschüre

Ennepetal

Kluterthöhle
Höhlenstraße 20
ℹ️ Kluterthöhle und Freizeit
Gasstraße 10
58256 Ennepetal
☏ (0 23 33) 9 88 00

Die 1586 erstmals urkundlich erwähnte Kluterthöhle ist ein weitverzweigtes unterirdisches Höhlensystem von 5,7 km Länge im mitteldevonischen Kalkstein, das teilweise zur Besichtigung freigogeben ist. Das für die Höhlenbildung verantwortliche Dachsystem kann in der Höhle verfolgt werden: Das Wasser verschwindet in noch unbekannten Felsspalten, um 20 Stunden später in der nur 150 m entfernten Bismarckhöhle wieder aufzutauchen.

Enschede (NL)

Natuurmuseum
De Ruyterlaan 2
NL-7511 JJ Enschede
☎ (00 31-53) 32 34 09

Gezeigt werden Gesteine und Fossilien aus der niederländischen Provinz Twente und dem Münsterländer Kreide-Becken. Schwerpunkt der Ausstellung sind Relikte aus den Kaltzeiten des Eiszeitalters (Pleistozän) wie nordische Geschiebe, Knochenreste und Rekonstruktionen des Wollhaarnashorns und des Mammuts.

Essen

Ruhrlandmuseum
Museumszentrum
Goethestraße 41
45128 Essen
☎ (02 01) 8 84 52 02 oder 8 84 52 08

Die ständige Ausstellung des Ruhrlandmuseums „Vom Ruhrland zum Ruhrgebiet — Geologie, Industrie- und Sozialgeschichte einer Landschaft" verbindet in einem Gesamtkonzept die Erdgeschichte des Ruhrgebiets mit der Industrie- und Sozialgeschichte des 19. und 20. Jahrhunderts. Zahlreiche Sonderausstellungen werden angeboten. Zur Zeit ist die geologische Dauerausstellung nicht zugänglich. Es ist vorgesehen, diesen Bereich noch im Laufe des Jahres 1998 in geänderter Form neu zu präsentieren.

Ferien- und Freizeitaktionen, Lehrerfortbildung, naturwissenschaftliche Beratung, Museumsführer, Begleitbücher

Mineralien-Museum
Kupferdreher Straße 141 – 143
45257 Essen-Kupferdreh
☎ (02 01) 8 84 52 30 oder 8 84 52 02

Das Mineralien-Museum gehört organisatorisch zum Ruhrlandmuseum. Im Dauerausstellungsbereich werden wertvolle Erze und Mineralien von internationalen Fundorten gezeigt. Im Sonderausstellungsteil sind im längerfristigem Wechsel Präsentationen zu Themen der Geologie und Mineralogie vorgesehen. Zur Zeit werden hier die Ausstellungen „Entstehung der Steinkohle" und „Evolution der Wirbeltiere" gezeigt.

Ferien- und Freizeitaktionen, Begleitbücher

gaseum
Geschichte und Technik der Gasversorgung
Huttropstraße 60
45138 Essen
☏ (02 01) 1 84 42 91

Das „gaseum" ist eine Einrichtung der Ruhrgas AG. Es stellt die Geschichte der Gasversorgung in Deutschland vor. Ein Besuch ist nur nach Voranmeldung möglich. Folgende Themen werden behandelt: Gaswerk und Kokerei, Erdgasentstehung und -lagerstätten, Tiefbohrungen, Gasspeicher und Gastransport.

Broschüre

Museumslandschaft Deilbachtal
Nierenhofer Straße 8 – 10, Kupferhammer
45257 Essen-Kupferdreh
☏ (02 01) 88 84 11

Dokumentiert wird die vor- und frühindustrielle Geschichte des Deilbachtals. Ein ca. 10 km langer Wanderweg führt an geologischen Aufschlüssen vorbei zu den vorindustriellen Arbeitsstätten Kupferhammer, Eisenhammer und Deilbachhammer. Hierzu gehören auch die Gebäudereste der Zeche Victoria, eine der frühen Zechen am Südrand des Ruhrgebiets. Es ist geplant, den Wanderweg als Lehrpfad auszubauen.

Führungen

Geologischer Wanderweg
am Baldeneysee im Ruhrtal
🚶 Essen-Heisingen, Kampmannbrücke
ℹ️ Ruhrlandmuseum
Museumszentrum
Goethestraße 41
45128 Essen
☏ (02 01) 8 84 52 02 oder 8 84 52 08

Der geologisch-bergbaukundliche Wanderweg führt auf fast 10 km Länge im Ruhrtal am Nordufer des Baldeneysees entlang von Essen-Heisingen nach Essen-Werden. Er vermittelt einen vorzüglichen Einblick in die Bildung der Steinkohlenlagerstätte, die Schichtenfolge, Gebirgsbildung und Bergbaugeschichte. Der Wanderweg berührt bedeutende Karbon-Aufschlüsse im Bereich der Bochumer

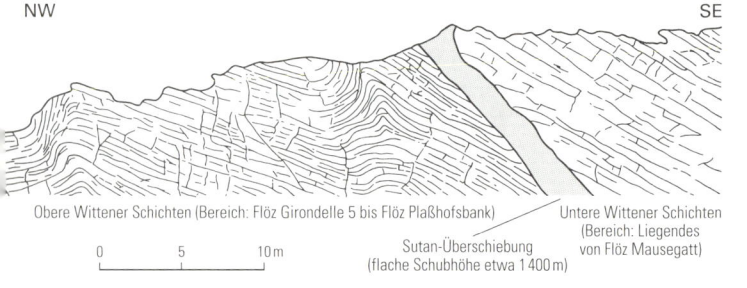

NW · SE

Obere Wittener Schichten (Bereich: Flöz Girondelle 5 bis Flöz Plaßhofsbank) · Untere Wittener Schichten (Bereich: Liegendes von Flöz Mausegatt)

0 5 10 m

Sutan-Überschiebung
(flache Schubhöhe etwa 1 400 m)

Aufschluß der Sutan-Überschiebung auf dem Gelände der ehemaligen Zeche Carl Funke 1/2 in Essen-Heisingen

Hauptmulde, u. a. im Bereich des ehemaligen Steinbruchs an der Kampmannbrücke in Heisingen, den Sutan-Aufschluß an der ehemaligen Zeche Carl-Funke und den Aufschluß am Pastoratsberg in Werden, in dem Faltenstrukturen zu sehen sind, die in engem Zusammenhang mit der Sutan-Überschiebung — eine der wichtigsten Störungen des Ruhrgebiets — stehen. Schautafeln erklären die Besonderheiten der geologischen Aufschlüsse.

Führungen

Eupen (B)

Waldmuseum
Zentrum Haus Ternell
Ternell 2 – 3
B-4700 Eupen
☎ (00 32-87) 75 22 32 oder 55 23 13

Haus Ternell ist ein naturkundliches Bildungszentrum der deutschsprachigen Gemeinschaft am Rande des Naturschutzgebiets Hohes Venn. Die Bildungsstätte ist für Seminare ausgestattet. Schwerpunktmäßig wird Gruppen ein Naturkundeunterricht angeboten. Im Ausstellungsraum ist eine Gesteins- und Fossiliensammlung untergebracht, vor allem mit regionalen Exponaten aus Devon und Karbon. Am Museum beginnt ein geologischer Lehrpfad mit deutschsprachigen Informationstafeln.

Ferien- u. Freizeitaktionen, Lehrerfortbildung, naturwissenschaftliche Beratung, Führungen

Fröndenberg

Heimatstube
Kirchplatz 2
[i] Stadtverwaltung (Kulturamt)
Bahnhofstraße 2
58730 Fröndenberg
☎ (0 23 73) 97 60 oder 97 62 40

Schwerpunkt der Sammlung bilden Gesteine, Mineralien und Fossilien aus den Oberkarbon- und Kreide-Schichten der Region, die die erdgeschichtliche Entwicklung dieses Landschaftsraums erklären.

Gebhardshain

Besucherbergwerk Grube Bindweide
57520 Steinebach (Sieg)
☎ (0 27 47) 8 09 54

Grubenpläne, Fotos, Urkunden und ortstypische Mineralien dokumentieren die Geschichte der Grube Bindweide im Empfangsgebäude des Museums. In der einst bedeutendsten Eisenerzgrube des Siegerlandes wurde 1931 die Eisenerzförderung eingestellt. Heute kann der „Tiefe Stollen" in Steinebach wieder mit der Grubenbahn auf ca. 1,3 km Länge bis an die beiden Tiefbauschächte und den ehemaligen Abbaubereich befahren werden.

Führungen, Exkursionsführer, Broschüren

Geilenkirchen

Kreisheimatmuseum
Vogteistraße 2
52511 Geilenkirchen
☎ (0 24 52) 1 33 33

Im Untergeschoß des Museums werden auf ca. 100 m² Ausstellungsfläche wichtige Einzelthemen der Erdgeschichte wie die Entstehung der Erde und des Lebens, das Vorkommen und die Gewinnung von Bodenschätzen der Region sowie die Entwicklung des Menschen dargestellt. Die Fossil-, Gesteins- und Mineraliensammlungen sind nach schuldidaktischen Gesichtspunkten aufgebaut; Arbeitstische mit Mikroskopen ergänzen die Präsentation.

Georgsmarienhütte

Museum Villa Stahmer
Carl-Stahmer-Weg 13
49124 Georgsmarienhütte
☎ (0 54 01) 4 07 55

Das Thema Geologie macht nur einen kleinen Teil der Museumspräsentation aus. Behandelt wird hier die Geschichte des regionalen Bergbaus sowie der darauf basierenden Eisenindustrie. Grundlage für die wirtschaftliche Entwicklung der Region ist ein Vorkommen von Steinkohle, sogenannte Wealden-Kohle, aus der Unterkreide. Ein Hüttenwerk wurde Mitte des vorigen Jahrhunderts errichtet. Das zur Eisenerzeugung notwendige Erz wurde vom nahegelegenen Hüggel herantransportiert (s. auch Hasbergen).

Gerolstein

Naturkunde-Museum
Hauptstraße 42 (altes Rathaus)
54568 Gerolstein
☎ (0 65 91) 52 35 oder 13 87

Die Ausstellung vermittelt dem Besucher einen umfassenden Einblick in die Geologie, Mineralogie, Paläontologie, Kultur- und Wirt-

Das devonzeitliche Korallenmeer in der Eifel
(schematischer Querschnitt)

schaftsgeschichte der Region. Schwerpunkt der Darstellung sind die Geologie der Gerolsteiner Kalkmulde, Mineralien des Vulkanismus, mitteldevonische Fossilien, Mineralwasservorkommen und Rohstoffnutzung.

Ferien- u. Freizeitaktionen, Museumsführer, Broschüre

Geo-Park
Kyllweg 1 (Rathaus)
Gerolsteiner Land
Touristik und Wirtschaftsförderung GmbH
Kyllweg 1
54568 Gerolstein
☎ (0 65 91) 13 80 84

Die Geologie der Gerolsteiner Kalkmulde und die Besonderheiten des Eifelvulkanismus können im Geo-Park entlang von vier 10 bis 30 km langen Wanderrouten entdeckt werden. Auf Tafeln werden vor Ort Erläuterungen zu natur- und geowissenschaftlichen Themen gegeben. Ergänzende Hinweise sind im Eifel-Vulkanmuseum und Geo-Zentrum Vulkaneifel in Daun zu erhalten (s. Daun).

Ferien- u. Freizeitaktionen, Exkursionsführer, Broschüren, naturwissenschaftliche Beratung, Führungen

Geseke

Hellweg-Museum
Hellweg 13
59590 Geseke
☎ (0 29 42) 5 00 56

Die regionale Geologie und Paläontologie wird anhand von Gesteinen des Turons und Coniacs (Oberkreide) aus dem Raum Geseke dokumentiert.

Gladbeck

Museum der Stadt Gladbeck
Wasserschloß Wittringen
Burgstraße 64
45964 Gladbeck
☎ (0 20 43) 2 30 29

Das Museum befindet sich in den reizvollen Räumen des Wasserschlosses. Grafiken und Exponate verdeutlichen die Zusammenhänge der heutigen Wirtschaftsstruktur Gladbecks mit hier vorkommenden Rohstoffen, vor allem der Steinkohle. Zu sehen sind weiterhin Gesteine, Mineralien und Fossilien aus dem Karbon, der Kreide und dem Quartär aus dem Raum Gladbeck.

Glees/Maria Laach

Naturkundemuseum St. Winfrid und Steinlehrpfad
Maria Laach
56653 Glees-Maria Laach
☎ (0 26 52) 47 85

Präsentiert wird eine umfangreiche Gesteins- und Mineraliensammlung aus dem Laacher-See-Gebiet mit Exponaten aus dem Unterdevon und Belegstücke zum tertiären und vor allem quartären Vulkanismus, der diese Region prägte. Eine Darstellung zur Steinbruchgeschichte, die bis in die Römerzeit zurückgeht, ergänzt die Ausstellung. Von der Benediktinerabtei Maria Laach führt ein Gesteinslehrpfad zum Naturkundemuseum St. Winfrid. Entlang des etwa 20minütigen Fußwegs werden die wichtigsten Gesteine der Region vorgestellt; Informationstafeln erläutern ihre Verwendbarkeit. (Geologischer Lehrpfad „Vulkanpark Brohltal/Laacher See" s. Niederzissen)

Grevenbroich

Museum im Stadtpark
Am Stadtpark 1
41515 Grevenbroich
☎ (0 21 81) 65 96 96/97

Schwerpunkt der Präsentation bildet der Rohstoff Braunkohle (Tertiär), der in zahlreichen Tagebauen der Umgebung abgebaut wird. Grafiken erläutern Entstehung, Lagerung und Verwendung der Braunkohle. Zahlreiche Pflanzenfunde lassen ein Lebensbild des Raumes Grevenbroich zur Braunkohlenzeit entstehen. Archäologische und paläontologische Funde, die vor dem Schaufelradbagger gemacht werden, leiten vom erdgeschichtlichen Teil zur Vor- und Frühgeschichte über. Auch wird eine Sammlung von Mineralien aus aller Welt gezeigt.

Faltblatt, Katalog

Gronau (Westf.)

Driland-Museum
Bahnhofstraße 8
48599 Gronau (Westf.)
☎ (0 25 62) 44 19

Der Name des Museums beruht auf seiner Lage im Driland (Dreiländereck). Hier stoßen die niederländische Provinz Overijssel, das Land Nordrhein-Westfalen und das Land Niedersachsen zusammen. Die erdgeschichtliche Abteilung befaßt sich vor allem mit der regionalen Geologie. Prunkstück der Sammlung ist die Nachbildung des Gronauer Schlangenhalssauriers *Brancasaurus brancai,* dessen Lebensraum in der Unterkreide anhand fossiler Muscheln, Turmschnecken, Haien, Krokodilen und Seeschildkröten rekonstruiert wird. Weitere Fossilien stammen aus der Oberkreide und dem Oberkarbon. Salzminerale des Zechsteins verweisen auf die Vorkommen mächtiger Steinsalzlager im Untergrund. Bei Epe werden diese ausgesolt und die so geschaffenen Hohlräume zur Speicherung von Erdgas genutzt. Diese Technologie wird in Grafiken erläutert. Geschiebe aus Skandinavien und Feuersteine aus dem Ostseeraum weisen das Vorrücken der Gletscher während der Saale-Kaltzeit (Pleistozän) ins Münsterland nach.

Haiger

Heimatstube Langenaubach
Läbachstraße 1
35708 Haiger-Langenaubach
☎ (0 27 73) 52 49

Lebens- und Arbeitsbedingungen im Bergbau und in Steinbruchbetrieben werden dokumentiert. Daneben sind Proben aller im Gebiet vorkommenden und genutzten Rohstoffe wie Eisenerz, Basalt, Ton, Quarzit, Braunkohle, Rotschiefer, Schwarzschiefer und Kalkstein ausgestellt.

Halle (Westf.)

**Geologische Sammlung
des Heimatvereins Halle**
Kiskerstraße 2
33790 Halle (Westf.)
☎ (0 52 01) 18 32 53

Schwerpunkt der Sammlung sind Fossilien aus der Kreide des Teutoburger Waldes. Daneben werden auch Fundstücke aus dem Tertiär vom Fundort Doberg bei Bünde gezeigt (s. Bünde). Eine Erz- und Mineraliensammlung ergänzt die Präsentation.

Hoplitoplacenticeras vari, ein Leitfossil der westfälischen Kreide

Hamm

Geologischer Lehrpfad Maximilianpark
Alter Grenzweg 2
59071 Hamm
☎ (0 23 81) 8 85 01 – 05

Der Maximilianpark ist ein gelungenes Beispiel für die Umwandlung einer Industriebrache mit verfallenen Zechengebäuden der ehemaligen Steinkohlenschachtanlage Maximilian in einen Freizeitpark. In die Anlage wurde ein geologischer Lehrpfad integriert, der durch typische Gesteine, Bodenprofile westfälischer Landschaften und Nachbildungen von Fossilien die geologischen Zeiträume des Karbons, der Kreide und des Quartärs repräsentiert. Ein weiterer Lehrpfad zur Haldenrekultivierung schließt sich an. Dem Park angegliedert ist auch das Schulbiologische Zentrum als „Grüner Lernort".

Broschüre

Hasbergen

Geologischer Lehrpfad am Hüggel
🚶 Wanderparkplatz Roter Berg
an der Straße Osnabrück – Lengerich
ℹ️ Gemeindeverwaltung
Martin-Luther-Straße 12
49205 Hasbergen
☎ (0 54 05) 5 02-0

Auf zwei Rundwanderwegen von 3 bzw. 8 km Länge wird dem geologisch interessierten Besucher ein Einblick in die Geologie des Osnabrücker Berglandes gegeben. Einen besonderen Schwerpunkt bilden bergbauhistorische Anlagen und Obercampan (Oberkreide) gezeigt. Dieser Sandstein eignet sich ausgezeichnet für die Herstellung von Steinskulpturen und Verzierungen. Das Gestein wurde meist im Tagebau gewonnen, aber auch Stollenbau ist überliefert. Es gibt wechselnde Sonderausstellungen. Im Nebengebäude kann man

Havixbeck

Baumberger Sandstein-Museum
Gennerich 9
48329 Havixbeck
☎ (0 25 07) 33 75

Das Museum ist nahe dem Ortskern in den denkmalgeschützten Gebäuden des ehemaligen Bauernhofs Rabert untergebracht. In der Dauerausstellung werden Entstehung, Abbau und Bearbeitung des „Baumberger Sandsteins" aus dem Obercampan (Oberkreide) gezeigt. Dieser Sandstein eignet sich ausgezeichnet für die Herstellung von Steinskulpturen und Verzierungen. Das Gestein wurde meist im Tagebau gewonnen, aber auch Stollenbau ist überliefert. Es gibt wechselnde Sonderausstellungen. Im Nebengebäude kann man einem professionellen Bildhauer bei der Arbeit zusehen und sich selbst einmal an dieser schweißtreibenden und staubigen Arbeit versuchen.

Broschüren

's-Heerenberg (NL)

Huis Bergh
Hof van Bergh 8
NL-7040 AD 's-Heerenberg
☎ (00 31-3 14) 66 12 81

Huis Bergh zählt zu den größten Wasserburgen der Niederlande. Vom Turm aus hat der erdgeschichtlich interessierte Besucher einen prächtigen Ausblick auf die durch das Inlandeis geschaffene Moränenlandschaft. Im „Geologiekelder" ist eine umfangreiche Gesteins-, Fossilien- und Mineraliensammlung untergebracht, die Stücke aus dem deutsch-niederländischen Grenzgebiet, vor allem aus der Region der niederländischen Provinzen von Limburg im Süden bis Friesland im Norden, umfaßt. Die geologische Sammlung kann nur nach vorheriger Anmeldung besucht werden.

Heerlen (NL)

Museum van het Geologisch Bureau
Voskuilenweg 131
NL- 6416 AG Heerlen
☎ (00 31-45) 5 76 37 63

Die Sammlung beinhaltet Fossilien aus dem südlimburgischen Karbon sowie Fossilien und Gesteine anderer Erdzeitalter aus verschiedenen Teilen der Niederlande. Modelle und Profile veranschaulichen den geologischen Bau der Niederlande. Weiterhin existiert eine systematische Mineraliensammlung. Die Sammlung ist zur Zeit magaziniert.

Hellenthal

**Geologisch-montanhistorische
Lehr- und Wanderpfade**
🚶 Wanderweg I und III: Parkplatz Oleftalsperre
Wanderweg II: Parkplatz „Am Hahnenberg" zwischen Hellenthal und Rescheid
ℹ️ Heimatverein Rescheid e. V.
Giescheid 36
53940 Hellenthal
☎ (0 24 48) 12 13

Drei Rundwanderwege von jeweils ca. 25 km Länge, die variiert oder auch abgekürzt werden können, führen zu wichtigen geologischen Aufschlußpunkten und veranschaulichen die Besonderheiten der Bergbaugeschichte dieses Raumes. Es ist vorgesehen, die einzelnen Aufschlußpunkte in den nächsten Jahren mit weiteren Erläuterungstafeln auszustatten.

Exkursionsführer

Besucherbergwerk „Grube Wohlfahrt"
Aufbereitung II
☎ (0 24 48) 13 43
[i] Heimatverein Rescheid e. V.
Giescheid 36
53940 Hellenthal
☎ (0 24 48) 12 13, 10 68 oder 6 37

Unterhalb der Ortschaft Rescheid liegt die Grube Wohlfahrt. Dort wurde seit Mitte des 16. Jahrhunderts bis 1940 eines der bedeutendsten Erzvorkommen (u. a. Bleiglanz) der Eifel abgebaut. Das Besucherbergwerk umfaßt ca. 700 m langes Teilstück des „Tiefen Stollens" und einige seiner Seitenstollen. Grafiken und Fotos erläutern die Arbeits- und Sozialbedingungen der Bergleute. Daneben vermitteln Gesteine, Mineralien und Fossilien ein Bild von 400 Mio. Jahren Erdgeschichte.

Broschüre

Hemer

Felsenmeer-Museum
Hönnetalstraße 21
58675 Hemer
☎ (0 23 72) 1 64 54

Das Museum befindet sich in der restaurierten Jugendstilvilla „Grah". Dokumentiert werden der historische Erzbergbau und die Verhüttung der heimischen Erze. Dies waren vor allem Eisenerze (u. a. Roteisenstein), die Zinkerze Galmei und Zinkblende sowie im geringen Umfang Kupfer- und Bleierze. Mineralien und Fossilien, Exponate zur Vor- und Frühgeschichte sowie die Darstellung des Naturschutzes im Naturschutzgebiet „Felsenmeer" ergänzen den erdgeschichtlichen Ausstellungsteil.

Broschüren, Begleitbuch

Felsenmeer
Felsenmeerstraße
[i] Stadt Hemer, Kulturamt
Hauptstraße 209
58675 Hemer
☎ (0 23 72) 55 12 57 oder 55 13 09

Durch die Lösungskraft des Wassers kam es im mitteldevonischen Massenkalk zur Bildung unterirdischer Hohlräume und Höhlen. Beanspruchungen des Gebirges, die zu Rissen und Klüften im Gestein führten, sowie nachfolgende Verkarstungen haben zur Entstehung des Felsenmeeres und seiner unterirdischen Höhlensysteme geführt. Überall im Massenkalk finden sich auf Klüften und in Nestern angereichert metallhaltige Mineralien. Es sind hauptsächlich Eisen- und Zinkerze, in geringerem Umfang auch Kupfer- und Bleierze. Hier sind auch Spuren eines frühen Bergbaus aus dem 11. bis 14. Jahrhundert, der zu den ältesten in Nordrhein-Westfalen zählt, gefunden worden. Aufgrund seiner herausragenden natur- und erdgeschichtlichen Bedeutung ist das Felsenmeer im Jahre 1962 unter Naturschutz gestellt worden. Gekennzeichnete Wege und Infotafeln erschließen dem Besucher dieses einzigartige Naturdenkmal.

Faltblatt

Heinrichshöhle
Felsenmeerstraße
58675 Hemer-Sundwig
☎ (0 23 72) 6 15 49 oder 55 12 57

Die 1812 entdeckte Tropfsteinhöhle liegt im mitteldevonischen Massenkalk und ist auf 300 m Länge ausgebaut. Der älteste Tropfstein hat eine Höhe von 1,65 m und eine Fußbreite von 1 m; sein Alter wird auf etwa 90 000 Jahre geschätzt. Im hinteren Bereich der Höhle sind bis zu 20 m hohe Spalten aufgeschlossen. Bei Aushubarbeiten zur Erschließung der Höhle für Besucher wurden zahlreiche fossile Knochen eiszeitlicher Großsäugetiere (Pleistozän) gefunden. Das 2,35 m lange Skelett eines Höhlenbären ist heute hier ausgestellt.

Herdorf

Bergbaumuseum des Kreises Altenkirchen
Museum und Schaubergwerk
Schulstraße 13
57562 Herdorf-Sassenroth
☎ (0 27 44) 63 89

Erze, Mineralien — darunter prächtige Kristalle —, Gesteine und Fossilien belegen die erdgeschichtliche Entwicklung des Siegerlandes. Die einstige wirtschaftliche Bedeutung dieses Raumes ist auf den Erzbergbau zurückzuführen. Abgebaut wurden vor allem Eisenspat und die häufigsten Begleiterze wie Bleiglanz, Zinkblende, Schwefel- und Kupferkies. Daneben wurden auch seltenere Fahlerze und Kobalterze gewonnen. Die Geschichte des Erzbergbaus, der hier Anfang der 60er Jahre eingestellt wurde, wird anhand historischer Aufnahmen, Grubenpläne und Exponate dokumentiert. Im Schaubergwerk wird die technische Entwicklung der Erzgewinnung vom frühen Pingenbau bis zu modernen Abbaumethoden dargestellt.

Aufsuchen von Erzgängen durch Schürfgräben und mit der Wünschelrute (historischer Holzschnitt)

Faltblatt

Herne

Emschertalmuseum ⓜ
Schloß Strünkede
Karl-Brandt-Weg 3
44629 Herne
☎ (0 23 23) 16 26 11

Dargestellt ist die geologische Entwicklung des Emscherraumes anhand von Gesteinen, Mineralien und Fossilien. Besonders beeindruckend sind die Skelette eines Riesenhirsches und eines Höhlenbären aus der letzten Eiszeit (Pleistozän).

Emschertalmuseum ⓜ
Heimat- und Naturkundemuseum
Unser-Fritz-Straße 108
44653 Herne-Eickel
☎ (0 23 25) 7 52 55

Ein Bereich des Museums ist der Geschichte des Steinkohlenbergbaus gewidmet. Ein Besucherstollen bringt dem Interessierten die Verhältnisse untertage und die Arbeitsbedingungen der Bergleute nahe. In einer umfassenden mineralogischen Sammlung werden Erze und Mineralien vor allem aus den Ganglagerstätten des Ruhrgebiets präsentiert. Eine Gesteins- und Fossiliensammlung zeigt Fundstücke, die bei den Ausschachtungsarbeiten des Rhein-Herne-Kanals entdeckt wurden; darunter befinden sich zahlreiche Skelettreste des eiszeitlichen Mammuts (Pleistozän).

Herscheid (Westf.)

Bergbaulehrpfad
🏠 Herscheider Mühle/Landstraße L 879
ℹ️ Gemeindeverwaltung Herscheid
Plettenberger Straße 27
58849 Herscheid (Westf.)
☎ (0 23 57) 9 09 30

Aufgezeigt werden die Geschichte des seit dem 16. Jahrhundert am Silberg betriebenen Blei- und Kupferbergbaus sowie Spuren des frühindustriellen Abbaus von Eisenerz.

Hilchenbach

Heimatstube Müsen ⓜ
Auf der Stollenhalde 9
57271 Hilchenbach-Müsen
☎ (0 27 33) 6 11 48

Die Müsener Gänge zählen zum Siegerländer Erzbezirk, in dem seit mehr als 2 000 Jahren bis zur Mitte dieses Jahrhunderts hauptsächlich Eisenerzo (Eisenspat), aber auch Kupfer-, Zink- und Bleierze abgebaut wurden. Eine Sammlung von Erzen, Mineralien und Gesteinen aus dem örtlichen Bergbau dokumentiert Entstehung, Verbreitung und Abbau der Lagerstätte.

Bergbaumuseum Müsen und Stahlberger Erbstollen
Auf der Stollenhalde 4
57271 Hilchenbach-Müsen
☎ (0 27 33) 6 11 50

Die Grube Stahlberg, eines der ältesten Bergwerke im Siegerland, war von 1313 – 1931 nahezu ohne Unterbrechung in Betrieb. Gefördert wurden Eisenspat — der bekannte Müsener Grund —, Bleiglanz, Zinkblende sowie Kupferkies. Im ehemaligen Bethaus der Grube befindet sich das Bergbaumuseum. Mineralien des Siegerlandes sowie Bergbaugeräte, historische Stiche und Grubenpläne, Karten und Fotos von unter und über Tage sind hier ausgestellt. Der Stahlberger Erbstollen wurde in den Jahren 1740 – 1780 als Entwässerungsstollen gebaut. Ab 1833 bis zur Schließung der Grube im Jahr 1931 wurde über diesen Stollen das Erz aus der Grube gefördert. Von dem 1 144 m langen Stollen sind 380 m zur Besichtigung freigegeben.

Altenbergraum
Auf der Stollenhalde 4
57271 Hilchenbach-Müsen
☎ (0 27 33) 6 11 50

Im Altenbergraum ist eine bergbau-archäologische Sammlung zum mittelalterlichen Eisenspatabbau der Lagerstätte Altenberg zu sehen. Bildtafeln informieren über bergmännisches Arbeiten und Wohnen im 13. Jahrhundert und liefern somit einen kulturgeschichtlichen Beitrag zur Kenntnis des Bergwesens im deutschen Mittelalter.

Hillesheim

Geologisch-Mineralogische Sammlung
Geo-Pfad-Büro
Burgstraße 20
54576 Hillesheim
☎ (0 65 93) 8 01 63

Die Sammlung zeigt Fossilien aus dem Mitteldevon und der Trias sowie vulkanische Gesteine und Mineralien aus dem Tertiär und Quartär. Eine umfangreiche Mineraliensammlung ergänzt die Präsentation. Vor dem Gebäude stehen mehrere eindrucksvolle Gesteinsblöcke mit versteinerten devonischen Korallen, die in der Nähe der Ortschaft Berndorf gefunden wurden.

Faltblatt

Geo-Pfad
Geologischer Lehr- und Wanderpfad
der Verbandsgemeinde Hillesheim
[i] Geo-Pfad-Büro
Burgstraße 20
54576 Hillesheim
☎ (0 65 93) 8 01 63

Der Geo-Pfad verbindet auf insgesamt 125 km Wegstrecke, die in mehreren unterschiedlich langen Rundwanderetappen bewältigt werden kann, natürliche und vom Menschen geschaffene geologische Aufschlüsse. Im Mittelpunkt stehen die Entstehung von Gesteinsschichten während des Devons und Buntsandsteins sowie der Vulkanismus im Tertiär und Quartär. 30 Aufschlüsse mit farbigen Schautafeln erläutern die jeweiligen geologischen Sachverhalte. Ergänzende Hinweise sind im Eifel-Vulkanmuseum und im Geo-Zentrum Vulkaneifel in Daun zu erhalten (s. Daun).

Exkursionen, geologische Lehrgänge, Falttafel, Info-Blatt, Exkursionsführer

Hoenderlo (NL)

Museonder
Nationalpark „De Hoge Veluwe"
Apeldoornseweg 250
NL-7351 TA Hoenderlo
☎ (00 31-55) 3 78 14 41

Das Museonder, das erste unterirdische Museum der Welt, vermittelt dem Besucher einen aufregenden Eindruck von all dem, was sich unter der Erdoberfläche befindet. Hierzu gehören u. a. Entstehung und Aufbau der oberflächennahen Bodenschichten. Im Kuppelbau des Museums ist das komplette Wurzelsystem einer 135 Jahre alten Buche von unten zu betrachten. Der Nationalpark „De Hoge Veluwe", in dem das Museum liegt, ist mit 5 500 ha das größte Naturreservat der Niederlande. Diese Landschaft entwickelte sich während der Saale-Kaltzeit (Pleistozän) aus Ablagerungen des vorrückenden Inlandeises.

Hofgeismar

Forst- und Jagdmuseum im Tierpark Sababurg
Bahnhofstraße 24 – 26
34369 Hofgeismar
☎ (0 56 71) 8 00 11 15

Dargestellt sind Böden, die sich aus Gesteinen des Buntsandsteins und des Muschelkalks entwickelt haben. Die Entwicklung des Waldes nach der Eiszeit (Pleistozän) und Veränderungen des Waldbestandes durch menschliche Einwirkungen werden anhand zahlreicher Beispiele erläutert.

Holzminden

Stadtmuseum
Bahnhofstraße 31
37603 Holzminden
☎ (0 55 31) 62 02

Das Stadtmuseum präsentiert neben stadtgeschichtlichen Themen eine geologische Sammlung mit Fossilien und Gesteinen des Erdmittelalters vor allem aus dem Solling und dem Weserbergland. Skelettreste von Tieren des Quartärs stammen überwiegend aus dem Wesertal.

Holzwickede

Historischer Bergbaurundweg
🏃 Emscherpark/Allee
ℹ️ Gemeinde Holzwickede
Allee 5
59439 Holzwickede
☎ (0 23 01) 91 52 45

Der ca. 17 km lange Rundweg zu bergbauhistorischen Stätten im Raum Holzwickede kann zu Fuß oder mit dem Fahrrad zurückgelegt werden. Der Weg ist nicht ausgeschildert; über die Wegstrecke informiert ein Faltblatt der Gemeindeverwaltung. Es sind 27 Besichtigungspunkte beschrieben, die mit dem Steinkohlenbergbau in Zusammenhang stehen, wie Schächte, Stollenmundlöcher, Pingen, Fahrwege, Pferdebahnstrecken, der Grenzstein (Markscheide) eines Grubenfeldes oder Bergarbeiterwohnungen. Auch gelangt man zum Quellgebiet der Emscher.

Faltblatt

Ibbenbüren

Werksmuseum
Preussag Anthrazit GmbH
Osnabrücker Straße 112 (Tor 1)
49477 Ibbenbüren
☎ (0 54 51) 4 94 77

Die Ibbenbürener Karbon-Scholle ist eine horstartige Aufragung von Karbon-Gesteinen im Osnabrücker Bergland, eingerahmt von mesozoischen Schichten. Gegenüber ihrer Umgebung um 100 m herausgehoben, ist sie mit einer Länge von 14 km und einer Breite von 5 km landschaftsbeherrschend. Hier steht flözführendes Oberkarbon oberflächennah an. Pingen und verfallene Stollenmundlöcher zeugen vom frühen Bergbau. Heute wird die Steinkohle im Bergwerk der Preussag gewonnen. Es zählt zu den tiefsten Schachtanlagen der Welt. Die erdgeschichtliche Entwicklung dieser Region wird im Werksmuseum durch Gesteine, Mineralien und Fossilien dokumentiert. Grafiken, Urkunden, Grubenpläne und Exponate zeigen die Gewinnung der Steinkohle von den historischen Anfängen bis heute.

Iserlohn

Stadtmuseum Iserlohn
Fritz-Kühn-Platz 1
58636 Iserlohn
☎ (0 23 71) 2 17 19 60 oder 2 17 19 61

Die erdgeschichtliche Entwicklung der Region wird vor allem durch Gesteine, Fossilien und Mineralien aus dem Massenkalk dokumentiert. Der Massenkalk entstand aus mächtigen Riffsedimenten des Devons. Der Kalk- und Dolomitstein wurde vor allem bei Letmathe abgebaut. Abbau und Verwendung dieses Rohstoffs zur Herstellung von Branntkalk, als Straßenbaumaterial oder als Kalkmehl für die Chemieindustrie sind Themen der Ausstellung. Einen weiteren Schwerpunkt bildet die Darstellung des Zinkbergbaus (u. a. Galmei und Zinkblende) im Raum Iserlohn. Das Vorkommen von Galmei ist vor allem auf die Kalkgesteine des Devons beschränkt. Die verhütteten Erze bilden die Grundlage der messingverarbeitenden Industrie. Entstehung, Verbreitung und Lagerung sowie Abbau der Zinkerze werden in Grafiken, historischen Abbildungen und durch originale Arbeitsgeräte dokumentiert. Eine Vielzahl der aus Messing hergestellten Gebrauchs- und Schmuckgegenstände ist in zahlreichen Vitrinen ausgestellt.

Höhlenkundemuseum und Dechenhöhle
Dechenhöhle 5
58644 Iserlohn-Letmathe
☎ (0 23 74) 81 69 oder 7 14 21

Die Dechenhöhle, eine der imposantesten Tropfsteinhöhlen Deutschlands, liegt im mitteldevonischen Massenkalk und ist auf die Lösungskraft eines unterirdischen Flußsystems zurückzuführen. Weitverzweigte Hallen und Grotten mit einem reichhaltigen Schatz an Tropfsteinbildungen ziehen die Besucher in ihren Bann. Den mächtigen Höhlenbären gibt es bereits seit 10 000 Jahren nicht mehr. Seine Skelettreste wurden aus Höhlensedimenten geborgen. Seit 1979 ist der Dechenhöhle ein Höhlenkundemuseum angegliedert, in dem nicht nur Funde aus der Höhle und die Nachbildung eines Höhlenbären zu sehen sind, sondern auch über Höhlenentstehung und Menschheitsentwicklung berichtet wird. Der Waldlehrpfad oberhalb der Dechenhöhle informiert über die seltene Flora auf Kalkgestein.

Issum

Bürgerbegegnungsstätte Oermter Berg
Rheurdter Straße 214a
47661 Issum
☎ (0 28 45) 67 45 oder (0 28 35) 59 68

Die naturkundliche Ausstellung befindet sich zur Zeit im Aufbau. Dargestellt werden sollen die Themen „Eiszeitliche Entstehung des Oermter Berges als Stauchwall", „Nacheiszeitliche Landschaftsentwicklung", „Naturschutz" am Beispiel der Fleutkuhlen und „Eingriffe des Menschen in die Natur" am Beispiel von Rohstoffgewinnung, Nährstoffeinträgen in Gewässer und intensiver landwirtschaftlicher Nutzung.

Jünkerath

Eisenmuseum Ⓜ
Römerwall 12
54584 Jünkerath
☎ (0 65 97) 14 82

Schwerpunktthema des Eisenmuseums ist die Geschichte der Eisenerzgewinnung und -verhüttung in der Eifel von der Frühzeit bis ins 19. Jahrhundert. Die Jünkerather Eisenhütte wurde 1687 gegründet. Heute noch wird diese Tradition durch die Gießerei der Firma Mannesmann Demag fortgesetzt. Gezeigt werden ausgewählte Exponate der Eisengußkunst und deren technische und künstlerische Entwicklung.

Faltblatt

Kamp-Lintfort

Geologisches Museum Kamp-Lintfort Ⓜ
im Schulzentrum an der Stadthalle
Moerser Straße 167
47475 Kamp-Lintfort
☎ (0 28 42) 3 36 20

Die umfangreiche geologische Sammlung stammt überwiegend aus dem Steinkohlenbergwerk Friedrich-Heinrich. Die Fundstücke belegen den Zeitraum von der Karbon-Zeit bis heute. So wird die Entstehung der Steinkohle aus oberkarbonen Sumpfwäldern und die Inkohlung (Reifung) vom Torf bis zum Graphit erläutert. Mittelpunkt der umfangreichen Sammlung karboner Pflanzenreste bildet ein zu Steinkohle umgewandelter Stamm einer *Sigillaria* (Siegelbaum). Hervorzuheben ist die Dokumentation über Basaltgänge in den Oberkarbon-Schichten, in deren Umgebung die Kohle in Naturkoks umgewandelt ist. Belegstücke aus den Deckschichten der Steinkohle wie Steinsalz aus dem Zechstein, Fossilien des Tertiärs, Sande und Kiese des Quartärs belegen eindrucksvoll die erdgeschichtliche Entwicklung des Niederrheingebiets.

Rekonstruktion einer *Sigillaria* aus dem Ruhrkarbon

Begleitbuch

Kassel

Naturkundemuseum Ⓜ
Steinweg 2
34117 Kassel
☎ (05 61) 7 87 40 14

Das Museum ist eines der ersten mitteleuropäischen naturwissenschaftlichen Dokumentationszentren. Der Grundstock der Sammlung dieses in einem Baudenkmal — dem ältesten feststehenden Theatergebäude Deutschlands — untergebrachten Museums stammt aus dem 16. Jahrhundert. Das Museum umfaßt die drei wissenschaftlichen Abteilungen Geologie, Botanik und Zoologie. Zur Zeit befindet sich die Präsentation in einer Umbruchphase. An die Stelle der bisherigen scharfen Trennung der einzelnen Disziplinen soll eine stärkere interdisziplinäre Verflechtung treten. So soll das Zusammenwirken von Bodenbildung auf einem bestimmten Ausgangsgestein mit der Vegetation und der Tierwelt aufgezeigt werden. Bei geologischen, mineralogischen und paläontologischen Themen wird das Prinzip der Regionalisierung stärker hervorgehoben. Hinzu kommen Beispiele für das Leben im Wasser und auf dem Land während verschiedener Abschnitte der Erdgeschichte. Ökologische Aspekte werden dabei in den Vordergrund gerückt.

Kelmis (La Calamine) (B)

Göhltalmuseum
Maxstraße 9 – 11
B-4721 Kelmis
☎ (00 32-87) 65 75 04

Kelmis liegt eingebettet in einem prachtvollen Naturgebiet im Göhltal. Von größter Bedeutung für den Ort war das reiche Vorkommen des Zinkerzes Galmei in devonischen und karbonischen Schichten, dem die Ortschaft auch ihren Namen verdankt. Die Galmeilagerstätte war die ertragreichste in ganz Europa. Dieses für die Herstellung von Messing unerläßliche Mineral wurde in Kelmis schon zur Römerzeit gewonnen. Bis 1951 wurde die Lagerstätte wirtschaftlich genutzt. Die Entstehung und Verbreitung des Galmeis sowie die Geschichte des Bergbaus werden im Museum dargestellt. Darüber hinaus hat der hohe natürliche Zinkgehalt des Bodens Auswirkungen auf die Pflanzenwelt. So konnte hier eine besondere Flora — die Zinkflora — entstehen; das Galmeiveilchen *Viola calaminaria* blüht bevorzugt auf Zinkhalden.

Wochend- u. Freizeitaktivitäten, Faltblatt

Geologie und Bergbau naturnah
(von oben nach unten)

Flach lagernde Kreide-Gesteine über gefalteten Karbon-Schichten im Geologischen Garten, Bochum

Rekonstruiertes Fördergerüst der Grube „Glückshoffnung" (Bergbaulehrpfad Herscheid)

Deilbachhammer (Museumslandschaft Deilbachtal, Essen-Kupferdreh)

Historische Krananlage zur Förderung von Basaltlava im Grubenfeld Mayen

Galmeiveilchen, angepaßt an natürlich schwermetallhaltige Böden (Kelmis, Belgien)

Verkarsteter Massenkalk im Naturschutzgebiet Felsenmeer in Hemer

67

Kempen

Städtisches Kramermuseum ⓜ
Burgstraße 19
47906 Kempen
☏ (0 21 52) 91 72 64

Schwerpunkt der geowissenschaftlichen Bestände des Museums ist eine überregionale Mineraliensammlung. Außerdem sind tertiäre Fossilien aus dem Raum Süchteln zu besichtigen. Die Sammlung ist zur Zeit magaziniert.

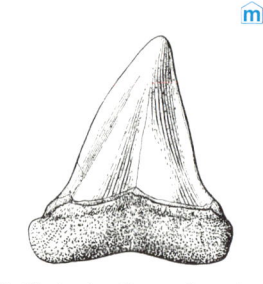

Haifischzahn (*Isurus hastalis*) aus dem Tertiär

Kerkrade (NL)

Industrion ⓜ 🚶
Museum für Industrie und Gesellschaft
Bosveldstraat 38
NL-6462 AX Kerkrade
☏ (00 31-45) 5 45 27 00

Das Museum wird Mitte 1998 eröffnet. Hauptthema ist das Leben und Arbeiten in der Region Niederländisch-Limburg während der letzten 200 Jahre. Wichtige, geowissenschaftlich interessante Wirtschaftszweige sind die keramische Industrie und der Steinkohlenbergbau. Der Museumsgarten ist Teil der Ausstellung und verleitet mit seinen Großgeräten wie Schaufelradbagger der Tonindustrie, Keramikpressen, Schmalspurbahnen und Arbeitsgeräte des Steinkohlenbergbaus zum Wandeln zwischen den Objekten. Eine stimmungsvolle Beleuchtung verleiht dem Museumsgarten auch in den Abendstunden ein attraktives Erscheinungsbild.

De Carboonroute 🚶
🔍 Industrion
Bosveldstraat 38
NL-6462 AX Kerkrade
☏ (00 31-45) 5 45 27 00

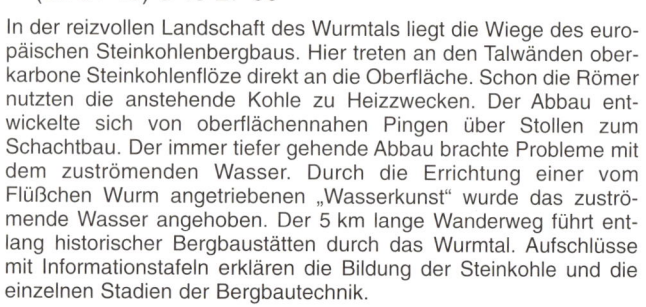

In der reizvollen Landschaft des Wurmtals liegt die Wiege des europäischen Steinkohlenbergbaus. Hier treten an den Talwänden oberkarbone Steinkohlenflöze direkt an die Oberfläche. Schon die Römer nutzten die anstehende Kohle zu Heizzwecken. Der Abbau entwickelte sich von oberflächennahen Pingen über Stollen zum Schachtbau. Der immer tiefer gehende Abbau brachte Probleme mit dem zuströmenden Wasser. Durch die Errichtung einer vom Flüßchen Wurm angetriebenen „Wasserkunst" wurde das zuströmende Wasser angehoben. Der 5 km lange Wanderweg führt entlang historischer Bergbaustätten durch das Wurmtal. Aufschlüsse mit Informationstafeln erklären die Bildung der Steinkohle und die einzelnen Stadien der Bergbautechnik.

Exkursionsführer

De Mijnmonumentenroute
🅿 Parkplatz Maria Goretti Kerk
Domaniale Mijnstraat/Maria Goretti Straat 4
ⓘ Industrion
Bosveldstraat 38
NL-6462 AX Kerkrade
☎ (0031-45) 5 45 27 00

Die ca. 10 km lange Besichtigungsstrecke, die teils zu Fuß, teils mit dem Auto zurückgelegt werden kann, verbindet Standorte des ehemaligen Steinkohlenbergbaus in der Region Kerkrade. Erste Hinweise auf Steinkohlenabbau stammen aus römischer Zeit. Die Blütezeit der niederländischen Steinkohlenindustrie setzte um 1850 ein. Mit dem Rückgang der Produktion um 1960 wurden alle Steinkohlenzechen Südlimburgs geschlossen. Die Route führt zu ehemaligen Förderstandorten, Halden und Zechensiedlungen. Das Museum Industrion hat zu dieser Route eine ausführliche Beschreibung ausgearbeitet.

Exkursionsführer

Kevelaer

Niederrheinisches Museum für Volkskunde und Kulturgeschichte
Hauptstraße 18
47623 Kevelaer
☎ (0 28 32) 9 54 10

In der erdgeschichtlichen Abteilung dokumentieren Gesteine, Mineralien, Fossilien und Blockbilddarstellungen die geologische Entwicklung des Niederrheingebiets. Mit Tiefbohrungen wurde zu Beginn dieses Jahrhunderts das Vorkommen von Steinkohle und Steinsalz erkundet; die ausgestellten Bohrkerne stammen aus Schichten des Oberkarbons und Zechsteins. Einen Schwerpunkt der Ausstellung nimmt die Präsentation der Gestaltung der Landschaft während der Eiszeit (Pleistozän) ein. Landschaftsprägend waren schon damals die Flüsse Rhein und Maas sowie das vorrückende nordische Inlandeis. Flußgerölle, nordische Geschiebe und Skelettreste eiszeitlicher Säugetiere veranschaulichen diesen geologischen Zeitraum.

Kleve

Geologisches Museum Kleve
Schwanenturm
47533 Kleve
☎ (0 28 21) 2 28 84

Präsentiert wird eine umfangreiche Sammlung eiszeitlicher Geschiebe (Pleistozän) mit vergleichendem Material aus deren Herkunftsländern in Skandinavien. In weiteren Ausstellungsteilen werden der Kreislauf der Gesteine, eine Mineraliensammlung, Flußgerölle vom Rhein sowie die Rohstoffvorkommen von Steinkohle, Steinsalz, Erzen, Sanden und Kiesen vorgestellt. Eine besondere Attraktion bildet der Schädel eines eiszeitlichen Mammuts.

Köln

Museum des Geologischen Instituts der Universität Köln
Zülpicher Straße 49a
50674 Köln
☎ (02 21) 4 70 56 72

In der Dauerausstellung „Klima der Vorzeit" werden Klimazeugen der Erdgeschichte vorgestellt: Pflanzen der Stein- und Braunkohlenwälder (Oberkarbon, Tertiär) für feuchtwarmes Klima, Salzablagerungen (Zechstein) für trockenheißes und fossile Eiskeile (Pleistozän) für trockenkaltes Klima. Moderne Verfahren zur Klimaforschung ergänzen die Präsentation. Die Erdgeschichtsausstellung zeigt charakteristische Fossilien aus einzelnen Abschnitten der Erdgeschichte. Sonderausstellungen über Fossilien des Rheinischen Schiefergebirges oder über die mitteldevonischen Riffe der Eifel ergänzen den Dauerausstellungsbereich. Die Institutssammlungen zur regionalen Geologie, Lagerstättenkunde, Erdgeschichte, Paläobotanik, Paläozoologie und allgemeinen Paläontologie dienen in erster Linie der Forschung und Lehre; sie können jedoch nach besonderer Vereinbarung von fachkundigen Besuchern eingesehen werden.

Mineralogisches Museum der Universität im Institut für Mineralogie und Geochemie
Zülpicher Straße 49b
50674 Köln
☎ (02 21) 4 70 33 68

Etwa 1 000 Exponate werden auf rund 200 m^2 Flläche gezeigt. Die Ausstellung ist nach Themenschwerpunkten geordnet: So sind Mineralien aus der Umgebung von Köln, Erzmineralien aus dem historischen Siegerländer Bergbau und systematische Mineraliensammlungen zu sehen. Anhand von praktischen Beispielen wird ein Einblick in moderne mineralogische Arbeitsweisen gewährt. Die Fluoreszenz bestimmter Minerale im ultravioletten Licht läßt sich in einer speziellen Vitrine beobachten. Als besonderes Angebot steht für Kinder eine Wühlkiste mit Mineral- und Gesteinsproben bereit. Von Besuchern mitgebrachte Steine oder Kristalle werden kostenlos bestimmt.

Haus des Waldes
Gut Leidenhausen
51147 Köln-Porz
☎ (0 22 03) 3 99 87

Das am Rande der Wahner Heide gelegene Naturmuseum „Haus des Waldes" bietet Besuchern aller Altersstufen die Möglichkeit, sich in anschaulicher und allgemeinverständlicher Form über die vielfältigen Aspekte des Themas Wald zu informieren. In acht Abteilungen werden mit Ausstellungsobjekten, lebensgroßen Dioramen und audiovisuellen Einrichtungen die Themenbereiche „Entwicklung des Waldes von der Urzeit bis zur Gegenwart", „Waldzonen der Erde", „Aufbau des Waldbodens", „Waldgesellschaften" u. a. präsentiert. Die Einrichtung will die komplexen Zusammenhänge des Ökosystems Wald begreifbar machen.

Königswinter

Siebengebirgsmuseum
Kellerstraße 16
53639 Königswinter
☎ (0 22 23) 37 03

Das Siebengebirge ist seit der Romantik im 19. Jahrhundert ein bevorzugtes Ziel für Reisende aus Europa und der ganzen Welt. Das Museum gibt einen Überblick über die wechselvolle Geschichte dieser Region. Im Ausstellungsbereich Geologie werden die naturkundlichen Besonderheiten des Siebengebirges und die erdgeschichtliche Entwicklung dieser Landschaft, die vor allem durch den tertiären Vulkanismus geprägt ist, vorgestellt. Vulkanische Gesteinstypen wie Trachyttuffe, Trachyte, Latite und Alkalibasalte, aber auch Gesteine und Fossilien des Devons aus dem umgebenden Rheinischen Schiefergebirge oder Fossilien aus der Blätterkohle von Rott (Tertiär) werden gezeigt.

Panorama des Siebengebirges (Kupferstich, 1789)

Korbach

Städtisches Museum
Kirchplatz 2
34497 Korbach
☎ (0 56 31) 5 32 89 und 5 32 53

Eine Abteilung des Museums ist der Darstellung des in Waldeck ehemals bedeutenden Bergbaus und Hüttenwesens vorbehalten. Es werden die Lagerstätten des Goldbergbaus im Eisenberg bei Korbach-Goldhausen sowie Erze und Mineralien aus dem Itterschen Kupferschieferbergbau gezeigt.

Krefeld

Geologisches Landesamt Nordrhein-Westfalen
De-Greiff-Straße 195
47803 Krefeld
☎ (0 21 51) 8 97-1 oder 89 75 45

Die wissenschaftliche Sammlung mit Belegmaterial für die Dokumentation der Regionalstratigraphie, eine umfangreiche Sammlung von Bodenausschnitten (Lackprofile) aus Nordrhein-Westfalen sowie Fachsammlungen zur Paläobotanik, Paläozoologie, Erz- und Kohlenpetrologie, Mineralogie und Petrologie sind nicht öffentlich zugänglich. Aus diesen Beständen werden aber regelmäßig Sonderausstellungen im Foyer des GLA zusammengestellt. Hier ist als ständiges Schauobjekt auch das Skelett eines tertiären Bartenwals zu sehen. In der Außenanlage ist ein Arboretum mit Bäumen und Sträuchern angelegt, deren enge Verwandte zur Tertiär-Zeit an der Bildung der rheinischen Braunkohle beteiligt waren.

Führungen, Broschüren, Faltblätter

Zweig von *Eusphenopteris striata* aus dem Aachener Karbon

Ladbergen

Heimatmuseum Lönsheide
Dorfstraße 23
49549 Ladbergen
☎ (0 54 85) 14 65

Gesteine, Mineralien und Fossilien dokumentieren die Landschaftsgeschichte des Raumes Ladbergen und des nördlich angrenzenden Teutoburger Waldes. Schwerpunkt hierbei bilden Exponate aus der Kreide- und Quartär-Zeit.

Lage

Westfälisches Industriemuseum
Ziegelei Sylbach
Sprikernheide 77
32791 Lage
☎ (0 52 32) 6 83 55

Dieses in einer ehemaligen Ziegelei eingerichtete Museum befindet sich zur Zeit im Aufbau. Es ist geplant, mit der Eröffnung die Ziegelproduktion zu Demonstrationszwecken wieder aufzunehmen. Der Weg vom Rohmaterial zum fertigen Produkt wird anschaulich aufgezeigt.

Orts- und Zieglermuseum
Schulstraße 10
32791 Lage
☎ (0 52 32) 60 15 25

Dargestellt wird das Zieglerwesen in Lage. Als Rohstoff wurde Geschiebelehm (Pleistozän) verarbeitet, der zu Beginn dieses Jahrhunderts mit dem Spaten, seit den 60er Jahren mit dem Eimerkettenbagger gewonnen wurde. Der Arbeitsablauf der Ziegelherstellung mit Arbeitstechniken vom Handstrichverfahren zur industriellen Produktion wird demonstriert.

Ziegelhütte (Holzschnitt, 1830)

Lennestadt

Mineralogische Sammlung der Grube Sachtleben
57368 Lennestadt-Meggen
☎ (0 27 21) 83 51

Das Bergmannsdorf Meggen im Sauerland verdankt seine Bekanntheit einer bedeutenden Schwefelkies-Zinkblende-Schwerspatlagerstätte. In Meggen findet man eine der besterforschten, schichtgebundenen Erzlagerstätten der Welt. Das bis zu 11 m mächtige Erzlager ist in Ton- und Sandsteinen des Mitteldevons eingelagert. Urkunden belegen den Bergbau seit dem Jahre 1727. Der Abbau wurde 1992 eingestellt. In einer betriebsinternen Präsentation der Sachtleben Bergbau GmbH werden Erze und Mineralien aus dem Schwefelkies- und Schwerspatbergbau gezeigt, die Bildungsbedingungen der Lagerstätte erläutert, die Aufbereitung der Erze und ihre Weiterverwendung als Rohstoff für die Metallhütten oder die chemische Industrie dargestellt.

Lippstadt

Städtisches Heimatmuseum
Rathausstraße 13
59555 Lippstadt
☎ (0 29 41) 98 02 65

Charakteristisch für den pleistozänen „Knochenkies" innerhalb der vor ca. 100 000 Jahren abgelagerten Lippe-Niederterrasse ist ein hoher Anteil an Knochenresten eiszeitlicher Säugetiere. Naßabgrabungen in der Lippeniederung lieferten in der Vergangenheit immer wieder Fundmaterial, das im Museum teilweise ausgestellt ist. Es gehört zu folgenden Säugetierarten: Steppenelefant, Wollhaarnashorn, Moschusochse, Wisent, Auerochs, Wildpferd, Rothirsch, Rentier, Höhlenhyäne und Riesenhirsch. Auch Artefakte des mittelsteinzeitlichen Menschen (10 000 bis 6 000 Jahre vor heute) wurden aus den Lippesedimenten geborgen.

Löhne

Heimatmuseum Löhne
Alter Postweg 300
32584 Löhne-Bischofshagen
☎ (0 57 32) 31 72

Löhne liegt im Ravensberger Hügelland. In dieser abwechslungsreichen und stark gegliederten Landschaft treten Gesteine der Trias bis zum Quartär an die Erdoberfläche. Eine umfangreiche Sammlung von Gesteinen, Mineralien und Fossilien dokumentiert die erdgeschichtliche Entwicklung dieser Region. Schwefelkieskristalle (Pyrit) aus dem Keuper, Fossilien wie Ammoniten, Belemniten und Muscheln vor allem aus dem Jura und der Kreide, Findlinge aus Skandinavien, die die Gletscher der Eiszeit (Pleistozän) hierher transportierten, Knochenreste eiszeitlicher Säugetiere in den Flußsedimenten der Werre und Werkzeuge und Waffen aus Knochen und Stein schlagen den Bogen vom Erdmittelalter bis zum ersten Auftreten steinzeitlicher Menschen in diesem Raum.

Broschüre

Mammut, größtes Säugetier der eiszeitlichen Kältesteppen

Losser (NL)

Geologische Sammlung im Rathaus
Raadhuisplein 1
NL-7580 AB Losser
☎ (00 31-53) 5 37 74 44

Ausgestellt sind Fossilien der Unterkreide aus der Umgebung von Losser. Dies sind vor allem Ammoniten, Belemniten sowie Brack- und Süßwassermuscheln. Ebenso sind Fraß- und Lebensspuren von Organismen, die den Meeresboden bewohnten, zu sehen.

Geologisches Naturdenkmal Staring-Grube
Dr. Staringstraat/Hogeweg
[i] Gemeindehaus
Raadhuisplein 1
NL-7580 AB Losser
☎ (00 31-53) 5 37 74 62

Bei diesem Aufschluß handelt es sich um einen ehemaligen Steinbruch im Sandstein von Losser (Unterkreide), der als Besuchspunkt hergerichtet ist. Im Eingangsbereich des Aufschlusses befindet sich eine Büste von W. C. H. STARING (1808 – 1877), dem Begründer der geologischen Landesaufnahme in den Niederlanden.

Lüdenscheid

Bremecker Hammer
Technisches Kulturdenkmal und
eisengeschichtliches Museum
Brüninghauser Straße 95
58513 Lüdenscheid
☎ (0 23 51) 4 24 00

Der Bremecker Hammer ist der letzte Zeuge der Eisenverarbeitung in vorindustrieller Zeit in der Stadt Lüdenscheid. Die Gewinnung, Verarbeitung und Nutzung des Rohstoffs Eisen wird hier vorgestellt.

Lünen

Museum der Stadt
Schwansbeller Weg 32
44532 Lünen
☎ (0 23 06) 10 46 49

Das Museum liegt in einem Naherholungsgebiet am Rande der Lünener Innenstadt und ist im Gesindehaus eines mittelalterlichen Rittersitzes untergebracht. Die geologische Sammlung besteht hauptsächlich aus Gesteinen, Mineralien und Fossilien, die im Zusammenhang mit dem Steinkohlenbergbau gefunden wurden.

Maastricht (NL)

Naturhistorisches Museum
De Bosquetplein 6 – 7
NL-6211 KJ Maastricht
☎ (00 31-43) 3 50 54 90

Das Museum widmet sich der Naturgeschichte Südlimburgs. Einen bedeutenden Teil nimmt die Geologie ein. Zu den beeindruckendsten Ausstellungsstücken zählen die fossilen Reste eines 15 m langen Mosasauriers (marine Eidechse) und einer Riesenschildkröte, die in den Kalksteinlagen des „Sint Pietersberg" geborgen wurden. Zahlreiche Fossilien und Gesteine belegen die erdgeschichtliche Entwicklung Limburgs seit dem Karbon.

Begleitbücher, Broschüren

Grotten Zonneberg
Casino Slavante
Slavante 1
NL-6212 NB Maastricht
☎ (00 31-43) 3 21 00 15

Die Römer begannen hier um 100 n. Chr. mit dem Abbau von Kalkstein. Dieser vor 60 – 100 Mio. Jahren (Oberkreide) aus Meeresablagerungen entstandene Naturstein (in der Region unter dem Begriff „Mergel" bekannt) war als Baumaterial gut geeignet. Er wurde untertägig abgebaut; so entstand im Laufe der Jahrhunderte ein weitverzweigtes Gangsystem, das heute eine touristische Attraktion Südlimburgs darstellt. Die bis zu 60 m mächtigen Kalksteinschichten sind sehr fossilreich. Hier fand man auch die 15 m langen Reste des bekannten *Mosasaurus* (marine Eidechse), der im Naturhistorischen Museum ausgestellt ist.

Führungen

Bergung eines *Mosasaurus*-Schädels aus den Kalksteinschichten des St. Pietersbergs bei Maastricht 1770

Grotten Nord
Chalet Bergrust
Luikerweg 71
NL-6212 NH Maastricht
☎ (00 31-43) 3 21 57 38 oder 3 25 54 21

Beschreibung siehe Grotten Zonneberg

Grotten Jesuitenberg
🏃 Parkplatz vor Château Neerkanne
Cannerweg 800
ℹ️ Stiftung Jesuitenberg
Peter Houben
Cannerweg 193
NL 6213 BD Maastricht
☎ (00 31-43) 3 21 34 88

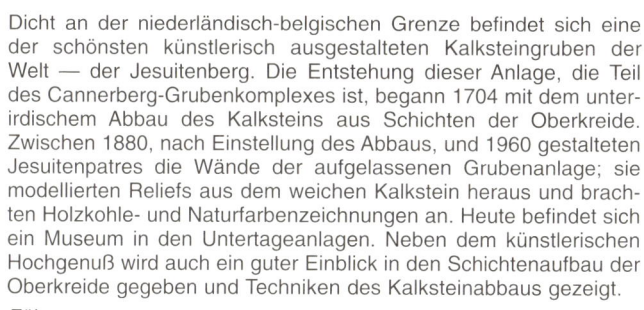

Dicht an der niederländisch-belgischen Grenze befindet sich eine der schönsten künstlerisch ausgestalteten Kalksteingruben der Welt — der Jesuitenberg. Die Entstehung dieser Anlage, die Teil des Cannerberg-Grubenkomplexes ist, begann 1704 mit dem unterirdischem Abbau des Kalksteins aus Schichten der Oberkreide. Zwischen 1880, nach Einstellung des Abbaus, und 1960 gestalteten Jesuitenpatres die Wände der aufgelassenen Grubenanlage; sie modellierten Reliefs aus dem weichen Kalkstein heraus und brachten Holzkohle- und Naturfarbenzeichnungen an. Heute befindet sich ein Museum in den Untertageanlagen. Neben dem künstlerischen Hochgenuß wird auch ein guter Einblick in den Schichtenaufbau der Oberkreide gegeben und Techniken des Kalksteinabbaus gezeigt.

Führungen

Marburg

Mineralogisches Museum
der Philipps-Universität
Firmaneiplatz
35032 Marburg
☎ (0 64 21) 28 22 44 und 28 22 57

Das Museum ist im Alten Kornhaus aus dem Jahre 1515 untergebracht. Es gehört zum Institut für Mineralogie, Kristallographie und Petrologie der Universität Marburg. Es beherbergt umfangreiche Institutssammlungen, die der Forschung dienen, und bietet eine beachtliche Schausammlung für die interessierte Öffentlichkeit. Das Museum verfügt über mehr als 1 800 der etwa 3 000 in der Natur vorkommenden Mineralien. In einem Dunkelkabinett kann man in ultraviolettem Licht fluoreszierende Mineralien erleben. Ein weiterer Ausstellungsbereich widmet sich der Vulkanologie, der Lagerstättenkunde und der technischen Mineralogie.

Faltblatt, Begleitbücher

Marl

Stadt- und Heimatmuseum
Volkspark 6
45768 Marl
☎ (0 23 65) 5 69 19

Das Museum gibt in drei Gebäuden einen umfassenden Einblick in die Geschichte der Stadt. Einen Schwerpunkt nimmt dabei der Steinkohlenbergbau ein. Im Keller ist ein Stollen der ehemaligen Schachtanlage Auguste Victoria nachgebaut. In dieser Schachtanlage wurden neben Steinkohle auch Blei-, Zink- und untergeordnet Silbererze abgebaut Das bedeutendste Blei-Zink-Erzvorkommen im Ruhrgebiet — der William-Köhler-Gang — wurde 1930 auf der Schachtanlage Auguste Victoria entdeckt. Charakteristisch für den Erzgang sind Brekzien- und Kokardenerze mit Zinkblende, Bleiglanz und Quarz. Weiterhin finden sich Schwefelkies, Kalkspat und Schwerspat. Das Museum besitzt eine gut sortierte Belegsammlung; die schönsten Erze und Mineralien sind ausgestellt.

Marsberg

Besucherbergwerk Kilianstollen
Mühlenstraße
[i] Rathaus
Lillers-Straße 8
34431 Marsberg
☎ (0 29 92) 60 22 05 oder 60 22 17

Die Kupfererze des Marsberger Raumes treten in Horizonten des Unterkarbons und des Zechsteins auf. Die Anfänge des Kupfererzbergbaus gehen hier bis in das frühe Mittelalter zurück. In den 20er Jahren dieses Jahrhunderts wurde der unwirtschaftlich gewordene Abbau eingestellt, aber 1936 im Rahmen der Autarkiebestrebungen des Dritten Reiches wieder aufgenommen. Mit dem Ende des Zweiten Weltkrieges wurde der Bergbau endgültig eingestellt. Der Besucherstollen ist Teil der ehemaligen Kupfergruben „Oskar" und „Friederike". In Vitrinen sind Mineralien und Gesteine aus dem Devon und Karbon ausgestellt. Das Schaubergwerk vermittelt einen Eindruck von den Verhältnissen unter Tage und den Arbeitsbedingungen der Bergleute. Nach vorheriger Anmeldung besteht auch die Möglichkeit, mit der Grubenbahn in den Stollen zu fahren.

Broschüre

Heimatmuseum Marsberg
Bahnhofstraße 9
34431 Marsberg
☎ (0 29 92) 30 77

Ausgestellt sind Gesteine und Mineralien, u. a. sehenswerte Sammlungsstücke aus dem ehemaligen Kupfererzbergbau. Daneben belegen Gesteine und Fossilien die erdgeschichtliche Entwicklung dieser Region.

Mayen

Eifeler Landschaftsmuseum
Genovevaburg
56727 Mayen
☎ (0 26 51) 8 82 62

Das Landschaftsmuseum beherbergt u. a. eine geologische Sammlung mit Gesteinen und Mineralien aus dem Vulkangebiet der Osteifel. Besonderer Schwerpunkt bildet die Darstellung des seit Jahrtausenden betriebenen Abbaus von Schiefer, Bims und Basalt in der Umgebung von Mayen.

Mechernich

Besucherbergwerk Mechernicher Bleiberg
„Grube Günnersdorf"und Bergbaumuseum
Bleibergstraße 6
☎ (0 24 43) 4 86 97
🛈 Stadtverwaltung
Bergstraße 1
53894 Mechernich
☎ (0 24 43) 4 91 43 oder 4 91 67

Die Vererzung der Bleierzlagerstätte Mechernich ist schichtgebunden. Die Hauptmenge des Erzes — Bleiglanz, untergeordnet auch Zinkblende — kommt als „Erzknotten" unregelmäßig in Sandsteinen und Konglomeraten des Bundsandsteins vor. In der 2 000jährigen Bergbaugeschichte dieser Region wurden die Erze sowohl im Tagebau als auch unter Tage gewonnen. Ende des vorigen Jahrhunderts wurden die Bergbauaktivitäten zunächst eingestellt, aber im Jahre

Bleierztagebau bei Mechernich im Jahr 1854

1938 im Untertageabbau wieder aufgenommen. Das endgültige Aus für den Mechernicher Bergbau kam 1957. Die 1943 geschlossene Untertageanlage der Grube Günnersdorf ist heute als Besucherbergwerk hergerichtet.

Faltblatt

Meerssen (NL)

Natur- und Heimatmuseum
Markt 27a
NL-6231 LR Meerssen
☎ (00 31-43) 3 64 77 61 und 3 64 76 77

Präsentiert werden Gesteine und Fossilien der niederländischen Provinz Limburg. Schwerpunkt bilden hierbei Exponate aus der Oberkreide.

Grotten der „Geulhemmergroeve"
Berg en Terblijt
NL-6325 PK Meerssen
☎ (00 31-43) 6 01 33 64 und 3 64 25 46

In den Grotten der „Geulhemmergroeve" kann man unterirdische Gänge, die durch den Abbau von Kalkstein („Mergel", Oberkreide) entstanden sind, besichtigen. Während der französischen Besatzung von 1798 bis 1801 wurden die untertägigen Hohlräume als Schutzbehausungen genutzt. Auch eine Kirche wurde eingerichtet. Die Felswohnungen sind restauriert und in den ursprünglichen Zustand zurückversetzt. Außerdem wird der Abbau des Kalksteins demonstriert. Eine Besichtigung der Grotten ist nur nach vorheriger Anmeldung möglich.

Menden

Städtisches Museum
Marktplatz 3
58706 Menden
☎ (0 23 73) 90 34 51

Im Museum werden u. a. Gesteine, Mineralien und Fossilien aus dem Devon, vor allem aus Aufschlüssen des Hönnetals, gezeigt. Eine Besonderheit sind die Skelettreste eines Höhlenbären aus dem Quartär, ein Fund aus der Reckenhöhle bei Balve (s. Balve).

Mendig

Deutsches Vulkanmuseum
Brauerstraße 5
56743 Mendig
☎ (0 26 52) 42 42

Hauptthema des Vulkanmuseums ist der tertiäre und quartäre Vulkanismus der Osteifel. Die Nutzung der vulkanisch entstandenen Rohstoffe wie Basalt, Tuff, Traß als Baumaterial sowie die ökologischen Folgen durch deren Abbau werden aufgezeigt. Außerdem besteht die Möglichkeit, unter sachkundiger Führung den ehemaligen untertägigen Abbau von Basaltlava für die Herstellung von Mühlsteinen zu besichtigen.

Museumslay
🚶 Brauerstraße, gegenüber Vulkanmuseum
ℹ️ Tourist-Büro der Verbandsgemeinde Mendig
Laacher-See-Straße
56743 Mendig
☎ (0 26 52) 5 21 51

Die Bezeichnung „Museumslay" ist auf den in dieser Region üblichen Begriff „lay" für Steingrube zurückzuführen. Entlang eines ca. 500 m langen Wanderweges werden anschaulich Abbau und Verarbeitung von Basalt und Tuff von den historischen Anfängen bis zum heutigen Tage gezeigt. Schwerpunkt der Präsentation ist die Mendiger Tradition der Mühlsteinherstellung. Auf dem Freigelände befindet sich auch ein Steinmetzatelier. Hier kann die Steinbearbeitung hautnah miterlebt werden.

Steinlehrpfad
an der Autobahn A 61
🚶 Rastplatz Dürpel oder Thelenberg
ℹ️ Tourist-Büro der Verbandsgemeinde Mendig
Laacher-See-Straße
56743 Mendig
☎ (0 26 52) 5 21 51

An der Autobahn A 61 ist zwischen den Anschlußstellen Wehr und Mendig ein Steinlehrpfad eingerichtet. Der ca. 1 km lange Rundweg verbindet die beiden Rastplätze Dürpel und Thelenberg durch eine Unterführung; er kann aber auch über Nebenstrecken angefahren werden. Gezeigt werden vulkanische Gesteine der Region, ihre Weiterverarbeitung sowie die frühe Hebetechnik mit Hilfe von pferdebetriebenen Göpeln. So wurden zum Beispiel die Basaltwerksteine aus dem Untertageabbau zur Weiterverarbeitung zutage gefördert.

Natursteinlehrpfad
🚶 Hochsteinstraße
ℹ️ Tourist-Büro der Verbandsgemeinde Mendig
Laacher-See-Straße
56743 Mendig
☎ (0 26 52) 5 21 51

Auf einem ca. 500 m langen Wanderweg entlang des Kellbachs werden anhand von 16 Exponaten die vulkanisch entstandenen Gesteinsarten der Region gezeigt, die heimische Steinmetze bearbeitet haben.

Mettmann

Neanderthal Museum
Talstraße 300
40822 Mettmann
☎ (0 21 04) 97 97 97

Seit dem legendären archäologischen Fund im letzten Jahrhundert gilt der Neandertaler weltweit als das Synonym für den Steinzeitmenschen. In einem Einführungsraum sind die erdgeschichtliche Entwicklung des Neandertals und die Fundgeschichte des Neandertalers dargestellt. In der anschließenden Museumspräsentation werden in einer Zeitreise die entscheidenden Etappen der Humanevolution aufgegriffen. Besuchergruppen können nach vorheriger Anmeldung durch das Museum geführt werden; für Schulklassen wurden Führungskonzepte erarbeitet, die auf die Lehrpläne abgestimmt sind.

Publikationen, Broschüren

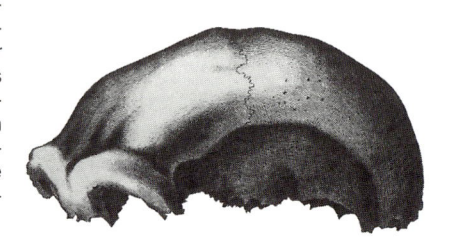

Schädelkalotte des Neandertalers

Minden

Mindener Museum für Geschichte, Landes- und Volkskunde
Ritterstraße 23 – 33
32423 Minden
☎ (05 71) 8 93 16

Ausgestellt sind Gesteine, Fossilien und Mineralien, die die erdgeschichtliche Entwicklung des Mindener Landes und des Mittelwesergebiets dokumentieren.

Mittenaar

Heimatstube Offenbach
Am Kirchberg 1
35756 Mittenaar-Offenbach
☎ (0 27 78) 29 94

Die wichtigsten nutzbaren Lagerstätten dieser Region, des Dillbezirks, sind seine Erzlagerstätten. Viele Roteisensteingruben lieferten schon vor Jahrhunderten Erz — anfangs für Rennfeuer, später für die zahlreichen Holzkohlenöfen, danach für Koksöfen in der Dillregion, dem Siegerland oder dem rheinisch-westfälischen Industriebezirk. In den 70er Jahren wurde die letzte Eisenerzgrube stillgelegt. Das Museum präsentiert in einer eigenen Abteilung die regionale

Geschichte des Eisenerzbergbaus. Eine Gesteins-, Erz- und Mineraliensammlung sowie historische Urkunden, Grubenpläne, Grafikdarstellungen und Fotos vermitteln die Bergbaugeschichte des Ortes und der Region.

Mönchengladbach

Informationszentrum Trinkwasser und Wasserlehrpfad
Wasserwerk Helenabrunn
Kaldenkirchener Straße 250
41066 Mönchengladbach
☎ (0 21 61) 27 74 95

Das Informationszentrum Trinkwasser befindet sich in der denkmalgeschützten Dampfmaschinenhalle des Wasserwerks. Hier werden anschaulich Herkunft, Förderung und Aufbereitung des Trinkwassers anhand zahlreicher Informationstafeln und Exponate erläutert. Am Wasserwerk beginnt auch der Wasserlehrpfad, der in Form einer Rallye Fragen zur Versorgung der Bevölkerung und zum sinnvollen Umgang mit Trinkwasser beantwortet. In der Wasserwerkstatt wird dem Besucher durch chemische und physikalische Experimente der Umgang mit diesem wertvollen Lebensmittel bewußt gemacht. (Anmeldung erforderlich)

Wasserturmmuseum
Stadtwerke Mönchengladbach
Mennrather Straße 80
[i] Anton Mennen
Mennrath 2
41179 Mönchengladbach-Rheindahlen
☎ (0 21 61) 58 04 33

In einer Ziegeleigrube in Rheindahlen — unweit des heutigen Museums — wurden beim Lößabbau im Jahre 1915 erstmals Feuersteine entdeckt, die als Werkzeuge prähistorischer Menschen erkannt wurden. In der Folgezeit konnten bei archäologischen Grabungen im Löß verschiedene Fundhorizonte unterschieden werden, die mit ihrem Fundinventar ca. 400 000 Jahre Menschheitsgeschichte belegen. Grafiken, Fotos und originale Bodenprofile erläutern die Entstehung der etwa 10 m mächtigen Lößablagerungen aus dem Pleistozän. Artefakte aus acht verschiedenen Fundschichten sind in Vitrinen ausgestellt.

Faltblatt

Mülheim an der Ruhr

Haus Ruhrnatur
Alte Schleuse 3
45468 Mülheim an der Ruhr
☎ (02 08) 4 43 33 80

Das Haus Ruhrnatur ist das Informationszentrum der Rheinisch-Westfälischen Wasserwerksgesellschaft mbH. Auf der südlichen Schleuseninsel in Mülheim an der Ruhr ist in einem ehemaligen Wirtschaftsgebäude des Wasserkraftwerks eine Dauerausstellung zum Ökosystem Ruhrtal eingerichtet. In diesem Zusammenhang werden auch wichtige geowissenschaftliche Aspekte behandelt, u. a. Geologie, Boden, Lagerstättennutzung.

Exkursionen, Sonderausstellungen

Aquarius Wassermuseum
Burgstraße 68
45476 Mülheim an der Ruhr
☎ (02 08) 4 43 33 90

Ein über 100 Jahre alter, unter Denkmalschutz stehender Wasserturm wurde in moderner architektonischer Konzeption zu einem Wassermuseum umgestaltet. Auf 14 Ebenen wird das Wissen über Wasser in seiner Vielfalt dargestellt. Dem geheimnisvollen Leben im Grundwasser spürt die Kamera nach, die Beeinträchtigung des Ökosystems Fließgewässer durch den Menschen kann simuliert werden, die Industriegeschichte des Wassers wird erzählt und schließlich wird die zentrale Bedeutung des Wassers für den Menschen aufgezeigt. Bei einer Wanderung auf dem Naturlehrpfad entlang der Ruhr kann die Entwicklung der Auenlandschaft im Laufe der Jahrhunderte und die Bedeutung von Trinkwasserschutzgebieten als Nische für viele Tier- und Pflanzenarten in Ballungsräumen erlebt werden.

Lehrerfortbildungen, Info-Schriften

Heimatmuseum Tersteegenhaus
Teinerstraße 1
45468 Mülheim an der Ruhr
☎ (02 08) 38 39 45

In mehreren Vitrinen werden Gesteine und Fossilien des ehemaligen Steinbruchs Kassenberg präsentiert. Es sind vor allem Brachiopoden, Schnecken, Ammoniten, Seeigel, Korallen u. a. aus Schichten des Cenomans und Turons (Oberkreide), die sich in Geröllzwickeln, Strudellöchern und Taschenfüllungen im unterlagernden Oberkarbon-Sandstein fanden.

Fossilienweg
Geologischer Lehrpfad am Kassenberg
🚶 Am Bahnhof Broich 16
ℹ️ MüGa Landesgartenschau GmbH
Am Schloß Broich 34
45479 Mülheim an der Ruhr
☎ (02 08) 99 30 00

Für die Landesgartenschau 1992 wurde südlich von Schloß Broich der Lehrpfad „Fossilienweg" angelegt, der am östlichen Rand des Steinbruchgeländes am Kassenberg entlangführt. Schautafeln erläutern die erdgeschichtliche und wirtschaftliche Bedeutung des Kassenberges. So sind hier Gesteine des Oberkarbons zu sehen, die von Kreide-Gesteinen transgressiv überlagert werden. Zur Kreide-Zeit verlief hier die Küstenlinie des damaligen Meeres, was entsprechende Fossilfunde belegen. Daneben werden Beispiele für die Natursteingewinnung und -verarbeitung gegeben. Die durch Vandalismus zerstörten Informationstafeln sind zur Zeit abgebaut, der

Blick auf die Aufschlußwände ist teilweise durch hohen Bewuchs verwehrt, der Zugang in den ehemaligen Steinbruch vom Wanderweg aus nicht möglich.

Münster (Westf.)

Westfälisches Museum für Naturkunde Planetarium
Sentruper Straße 285
48161 Münster (Westf.)
☎ (02 51) 5 91 05

Die Museumspräsentation steht unter dem Leitthema „Die Welt, in der wir leben" und dokumentiert die Bereiche Mineralogie, Geologie, Paläontologie, Botanik, Zoologie und Astronomie. Die mineralogische Abteilung zeigt schwerpunktmäßig Mineralien und die Kristallsysteme. In der Geologie wird der Kreislauf der Gesteine verdeutlicht. Eine Ton-Dia-Schau zeigt die Ursachen und Abläufe der Kontinentalverschiebung. In der Erdbebenwarte des Museums kann man aktuell alle derzeit auf der Welt auftretenden Erdbeben über einen Seismographen verfolgen. Ein weiterer Bereich stellt die wichtigsten Werksteine Westfalens und ihre Verwendung an bedeutenden Gebäuden vor. Die Entwicklung der Tier- und Pflanzenwelt wird in der Abteilung Paläontologie anhand von Fossilien verdeutlicht. Dargestellt ist das Lebensbild eines oberkarbonen Steinkohlenwaldes mit den dazugehörigen Pflanzen und Tieren. Aus der Kreide stammen zahlreiche hier ausgestellte marine Fossilien, darunter auch der größte Ammonit der Welt, *Parapuzosia seppenradensis*, mit einem rekonstruierten Durchmesser von 2,55 m. Bodenprofile des westfälischen Raumes mit typischen Pflanzen- und Tiergesellschaften repräsentieren das heutige Landschaftsbild des Münsterlandes und geben Auskunft zu ökologischen Fragestellungen. Ein Planetarium rundet die Präsentation ab.

Museumsschule, Kinderveranstaltungen, Filmvorführungen, Vortragsreihen, Sonderausstellungen, Museumsführer, Publikationen

Geologisch-Paläontologisches Museum der Westfälischen Wilhelms-Universität
Pferdegasse 3
48143 Münster (Westf.)
☎ (02 51) 8 32 39 31

Das Museum — 1824 als „Museum mineralogicum et zoologicum" gegründet — hat seit 1880 seinen Sitz in der ehemaligen Landsberg'schen Kurie, einer barocken Dreiflügelanlage in der Pferdegasse. Schwerpunkt der Schausammlung ist die Darstellung der Erdgeschichte mit der Abteilung „Allgemeine und Angewandte Geologie" und der Abteilung „Wirbeltiere der Eiszeit". Die angeschlossene Westfalensammlung ist eine landeskundliche Sammlung und stellt Beispiele aus der Geologie und Paläontologie Westfalens vor. Eine Besonderheit des Museums ist die Präsentation des Schwimmsauriers *Brancasaurus brancai* aus der Unterkreide von Gronau, von dem weltweit nur die beiden im Museum befindlichen Exemplare existieren. Im Jahre 1910 wurde in Ahlen das vollständige Skelett

eines Mammuts — *Mammuthus primigenius* — geborgen. Es zählt zu den wertvollsten Exponaten des Museums. Die weltberühmte Sammlung fossiler Fische aus der Oberkreide der Baumberge und von Sendenhorst repräsentieren einen bedeutenden Teil der Erdgeschichte der Region.
Broschüre

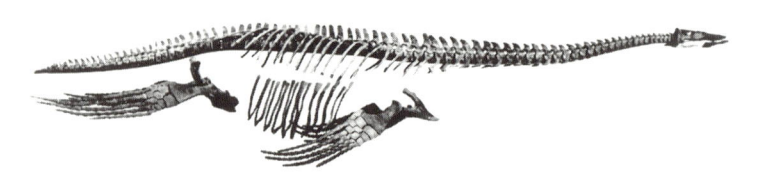

Brancasaurus brancai aus der Unterkreide von Gronau

Mineralogisches Museum der Westfälischen Wilhelms-Universität
Hüfferstraße 1
48149 Münster
☎ (02 51) 8 33 34 51

Auf einer Ausstellungsfläche von ca. 500 m² werden verschiedene Themenbereiche der Mineralogie gezeigt. Der Besucher erhält zunächst einen Überblick über die Systematik der Minerale. Auf der Basis dieser Systematik nach Kristallklassen wurde die spezielle Sammlung aufgebaut. Der Rundgang beginnt mit einer Einführung über Entstehung und Wachstum von Kristallen. Eine Vitrine mit Kristallstrukturmodellen gibt dem Betrachter eine Vorstellung über den kristallinen Aufbau der Minerale. Schmuck- und Edelsteine werden gezeigt und die Rolle der Edelsteinschleifer erläutert. Mineralien aus Konkretionen und Sekretionen sowie Drusenmineralisation sind das Thema einer weiteren Präsentation. Außerdem sind Meteoriten und irdische Impaktgesteine ausgestellt. Die Sammlungen im Obergeschoß behandeln schwerpunktmäßig Themen der Petrographie, Lagerstättenkunde und der damit verbundenen Mineralogie.
Mineral- und Gesteinsbestimmungen, Museumsführer, Publikationen

Nettersheim

Informationshaus „Alte Schmiede" und Werkshäuser an der Eifeler Meeresstraße
Bahnhofstraße 50
53947 Nettersheim
☎ (0 24 86) 17 70

Die Dauerausstellung in der „Alten Schmiede" zeigt anhand von Gesteinen, Fossilien und Mineralien die erdgeschichtliche Entwicklung der Eifel vor allem während des Mitteldevons. Entlang des Festlandschelfes siedelten sich zu dieser Zeit Korallenriffe an, die mit dem Barriere-Riff an der heutigen Ostküste Australiens vergleichbar sind. Die Ausstellung stellt die ökologischen Bedingungen vor, die den Aufbau der fossilen Riffe ermöglichten; sie zeigt Korallen- und Stromatoporenarten, die diese Riffe bildeten. Mikrofossilien können unter dem Mikroskop betrachtet werden. Aus den bis zu 300 m mächtigen Riffen entstanden die Kalkgesteine (Massenkalk), die heute in dieser Region abgebaut werden. Über diesen Rohstoff und seine Verwendung informiert eine weitere Ausstellungseinheit. Die Präsentation steht in unmittelbarer Verbindung zum geologischen Lehr- und Wanderpfad der Gemeinde Nettersheim.

Naturschutzzentrum Eifel
Römerplatz 8 – 10
53947 Nettersheim
☎ (0 24 86) 12 46

Die zentrale Aufgabe dieses überregionalen Zentrums für Naturschutz und Umwelterziehung liegt in der Naturerlebnispädagogik, die sich an der geologischen, ökologischen und historischen Vielfalt der Region orientiert. Fachleute wie Geologen, Biologen, Agraringenieure oder Geographen begleiten die Aktivitäten.

Geologischer Lehr- und Wanderpfad der Gemeinde Nettersheim
Informationshaus „Alte Schmiede"
Bahnhofstraße 50
53947 Nettersheim
☎ (0 24 86) 17 70

Ein ca. 40 km langes Wegenetz verbindet die geologischen und bergbaulichen Besonderheiten der Region Nettersheim. 35 Stationen — vor allem natürliche Aufschlüsse und Steinbrüche — zeigen die Gesteine des Mitteldevons, überwiegend Kalk-, Dolomit- und Mergelstein. Die Aufschlüsse wurden so ausgewählt, daß möglichst die gesamte Schichtenfolge mit allen geologischen Gegebenheiten zu sehen ist. Der Kalkstein wurde für die Herstellung von Branntkalk,

Koralle *Disphyllum caespitosum* aus dem Mitteldevon

als Baustein oder als Wegebaumaterial gebrochen und stellt heute noch für diese Region ein wichtiges Rohstoffpotential dar. Fossilien aus diesen mitteldevonischen Gesteinen belegen, daß diese Region vor ca. 360 Mio. Jahren von einem tropischen Meer bedeckt war, in dem Stromatoporen und Korallen Riffe aufbauten. Während der variscischen Gebirgsbildung gegen Ende der Karbon-Zeit wurden die devonischen Schichten gefaltet und verstellt, was in einigen Aufschlüssen sehr schön zu sehen ist. Während des Tertiärs kam es bei feuchtwarmem Klima zum Teil zur Auflösung des Kalksteins. Solche Verkarstungserscheinungen sind in den Aufschlüssen „Felsenmeer" und „Fuchshöhle" zu beobachten. Pingen und Grubenanlagen belegen den Eisenerzbergbau in der Region.

Broschüre, Exkursionsführer

Nettetal

Geologischer Lehrgarten im Stadtteil Hinsbeck
Johannisstraße
[i] Verkehrs- u. Verschönerungsverein
Oberstraße 1
41334 Nettetal
☎ (0 21 53) 36 66

Der Geologische Lehrgarten bietet mit etwa 100 ausgestellten Gesteinsblöcken einen allgemeinen Überblick über die Entwicklungsgeschichte der Erde und durch die ausgestellten Exponate einen speziellen Einblick in die Geologie. Die Gesteine sind im Park nach vier Gruppen unterteilt angeordnet: In der ersten Gruppe bilden Tertiär-Quarzite, Konglomerate und Sandsteine Beispiele zum Thema „Gesteine der Heimat". Die zweite Gruppe stellt Sedimentgesteine aus verschiedenen Regionen vor. In der dritten Gruppe werden metamorphe Gesteine, die durch Umwandlung unter dem Einfluß von hohem Druck und hohen Temperaturen entstanden sind, präsentiert. Die vierte Gruppe zeigt vulkanische Gesteine. Ein Blockbild veranschaulicht den Untergrund der Region Hinsbeck, der aus Schichten des Tertiärs und des Quartärs aufgebaut ist.

Neunkirchen

Museum des Freien Grundes
Am Leyhof 2
57290 Neunkirchen
☎ (0 27 35) 6 14 41 oder 39 53

Gezeigt wird eine Sammlung von Gesteinen aus dem Siegerländer Eisenerzbergbau. In einer detailgetreuen Stollenanlage sind Exponate des Bergbaus zu sehen. Eine Erz- und Mineraliensammlung sowie der Nachbau eines Schmelzofens aus der Latène-Zeit (ca. 300 v. Chr.) vervollständigen die Bergbauausstellung.

Neuwied

Museum für die Archäologie des Eiszeitalters
Schloß Monrepos
56567 Neuwied-Segendorf
☎ (0 26 31) 7 20 43

Jagdwaffen, mit denen Waldelefanten, Pferde oder Rinder erlegt wurden, Lanzenbruchstücke, Werkzeuge und Geräte aus Holz oder Knochen, Faustkeile aus Stein, kunstvoll bearbeitete Elefantenknochen dokumentieren die Geschichte der eiszeitlichen Jäger und Sammler. Die verheerenden Ausbrüche der Osteifel-Vulkane im Eiszeitalter (Pleistozän) dürften die Menschen im Neuwieder Becken immer wieder in Angst und Schrecken versetzt haben. Die damaligen Ausbrüche erfreuen heute die Ausgräber der Forschungsstelle

„Altsteinzeit". Spuren von 350 000 Jahren menschlicher Besiedlung konnten in Miesenheim freigelegt werden. Der Fundplatz Ariendorf lieferte Knochen, Steinwerkzeuge und sogar die Umrisse einer zeltartigen Behausung unserer Vorfahren. Die Entdeckung von Holzkohlenresten im Bereich eines Fundplatzes bei Mülheim-Kärlich belegt, daß der Frühmensch *Homo erectus* bereits vor 250 000 Jahren mit Feuer umzugehen verstand.

Niederzissen*

Vulkanpark Brohltal/Laacher See
Geo-Pfade in der Verbandsgemeinde Brohltal
[i] Touristinformation Brohltal
Kapellenstraße 12 (Rathaus)
56651 Niederzissen
☎ (0 26 36) 9 74 00 oder 9 74 04 10

Das Laacher-See-Gebiet und das Brohltal sind aus erdgeschichtlicher und vulkanologischer Sicht eine Besonderheit. Der Ausbruch des Laacher-See-Vulkans vor nur 11 000 Jahren prägte nachhaltig diese Landschaft. Die zahlreichen Zeugnisse des Vulkanismus in der Region waren Anlaß für die Schaffung des Vulkanparks. Auf fünf Geo-Routen — eine Auto- und/oder Fahrradtour und vier Rundwanderwege von insgesamt 140 km Länge — erhält man an 70 Aufschlußpunkten Einblick in erdgeschichtliche Vorgänge und Zusammenhänge. Drei Routen, die von Haltepunkten des historischen „Vulkan-Express", einer seit 1901 bestehenden Schmalspureisenbahn, aus starten, führen ins untere, mittlere und obere Brohltal. Eine weitere Tour geht um den Laacher See. Die Auto-/Fahrradtour beginnt im unteren Brohltal und berührt auf der 80 km langen Strecke über Weibern, Dachsbusch, Maria Laach nach Bad Tönisstein 17 Aufschlußpunkte.

Projekttage, Exkursionsführer, Broschüren

* Die Geo-Pfade im Laacher-See-Gebiet und im Brohltal sind nicht auf ein Gemeindegebiet beschränkt. Niederzissen steht als zentrale Gemeinde stellvertretend für alle beteiligten Orte der Verbandsgemeinde Brohltal.

Nijmegen (NL)

Natuurmuseum Nijmegen
Gerard Noodtstraat 121
NL - 6511 ST Nijmegen
☎ (00 31-24) 3 29 70 70

Das Museum ist in einer im Jahre 1912 im Jugendstil errichteten ehemaligen Synagoge untergebracht. Seine Sammlung umfaßt mehr als 50 000 Objekte zur Geologie, Zoologie und Botanik. Die bedeutendsten Ausstellungsstücke sind im Bereich „Het Rijk te Kijk" präsentiert. Hier wird die erdgeschichtliche Entwicklung der Landschaften mit dem Schwerpunkt Eiszeitalter im „Reich von Nijmegen" vorgestellt. Die Bedeutung des Naturschutzes im Waal-Maas-Gebiet wird in zahlreichen Dioramen erläutert.

Museumswochenenden, Kindernachmittage, Naturkundeunterricht für Schüler, Kataloge, Bücher, Poster, Zeitschriften

Nordwalde

Heimatmuseum
Schulgasse 3
48356 Nordwalde
☎ (0 25 73) 92 90

Gezeigt werden Mineralien und Fossilien aus der Kreide des Münsterlandes. Skelettreste von Mammut, Bison und Wollhaarnashorn belegen die Kaltzeiten des Eiszeitalters. Nordische Geschiebe, zum Teil mit eingelagerten Fossilien, sind Zeugnisse einer Inlandeisbedeckung dieser Region während der Saale-Kaltzeit (Pleistozän).

Nümbrecht

Museum des Oberbergischen Kreises
Schloß Homburg
51588 Nümbrecht
☎ (0 22 93) 71 00

Die Dauerausstellung zeigt charakteristische Fossilien aus dem Mitteldevon, als diese Region von einem warmen Flachmeer bedeckt war. Ein Lebensbild verdeutlicht die marine Ökologie dieses Raumes. Dem Rohstoff Grauwacke (Sandsteinvarietät) ist ein eigener Ausstellungsteil gewidmet. Noch bis in die Mitte des 20. Jahrhunderts war die Herstellung von Pflastersteinen aus diesem Material ein bedeutender Erwerbszweig in der Region.

Freizeitaktionen

Besucherbergwerke
(von oben nach unten)

Unterirdischer Kalksteinabbau in den Grotten Jesuitenberg (Maastricht)

Schiefergrube Christine (Willingen)

Schieferschaubergwerk Raumland (Bad Berleburg)

Stollenportal des Reinhold-Forster-Erbstollen (Siegen)

Bethaus und Zugang zur Grube Stahlberg (Hilchenbach-Müsen)

Schiefer-
Schaubergwerk

Glück auf!
REINHOLD FORSTER ERBSTOLLN
1805

Oberhausen

Rheinisches Industriemuseum Oberhausen
Hansastraße 18
46049 Oberhausen
☎ (02 08) 8 57 92 81 oder 8 57 91 01

Auf ca. 3 500 m² wird die Geschichte der Eisen- und Stahlindustrie an Rhein und Ruhr vorgestellt. Ein Teil der Ausstellung knüpft an die Geschichte der Zinkfabrik Altenberg an und geht auf die Fertigung, aber auch auf Arbeits- und Umweltbedingungen ein.

Gewinnung von Raseneisenerz um 1770

St.-Antony-Hütte
Antoniestraße 32 – 34
46119 Oberhausen-Osterfeld
☎ (02 08) 60 45 60
ℹ Rheinisches Industriemuseum Oberhausen
Hansastraße 18
46049 Oberhausen
☎ (02 08) 8 57 92 81 oder 8 57 91 01

In diesem denkmalgeschützten Fachwerkhaus aus dem Jahre 1758 — das ehemalige Kontor- und Wohnhaus des Hüttenleiters — ist das Archiv des „Gutehoffnungshütte Aktienvereins" (GHH) und eine Dauerausstellung zur frühen Geschichte der Eisen- und Stahlindustrie untergebracht. Von den ehemaligen Fabrikbauten ist nichts mehr vorhanden. An diesem Ort stand die „Wiege der Ruhrindustrie". Klar erkannte Standortvorteile waren für die Gründung des Unternehmens an dieser Stelle ausschlaggebend: Raseneisenerz war als Rohstoff in ausreichenden Mengen in der Emscherniederung vorhanden, Holzkohle als Brennmaterial, Wasser als Antriebskraft und Arbeitskräfte aus der ländlichen Bevölkerung standen zur Verfügung. Die Geschichte der Industrialisierung wird hier an einem authentischen Standort präsentiert. Die Ausstellung und das Archiv sind nur nach Voranmeldung zu besuchen.

Obernkirchen

Berg- und Stadtmuseum
Am Kirchplatz 5
31683 Obernkirchen
☎ (0 57 24) 3 95 59

Eines der ältesten, aber auch kleinsten Steinkohlenbergwerke Deutschlands steht im Mittelpunkt der Ausstellung. Hier wurde über 500 Jahre lang Steinkohle aus der Bückeberg-Folge (Unterkreide) abgebaut. Die Mächtigkeit der Flöze schwankt stark und war häufig so gering, daß sich ein Abbau nicht lohnte. Kinder und Erwachsene lassen sich von einem wohl einmaligen „mechanischen Kunstbergwerk" begeistern, das mit beweglichen Figuren und Förderanlagen um 1880 im Erzgebirge angefertigt wurde.

Olsberg

Informations-Center
Boden- und Kulturdenkmal Bruchhauser Steine
Fürstenberg-Gaugreben'sche Verwaltung
Rentei Bruchhausen
59939 Olsberg
☎ (0 29 62) 9 76 70

Die weithin sichtbaren Felsen der Bruchhauser Steine bilden ein einzigartiges Natur- und Kulturdenkmal und sind zugleich ein beliebtes und bekanntes Ausflugsziel. Im Informations-Center wird anhand von Grafiken, Fotos zur Mineralogie, Gesteinsproben, Modellen und Vergleichen zu heute aktiven Vulkanen die Entstehungsgeschichte der Bruchhauser Steine erläutert. Dem Besucher wird anschaulich die Geschichte der Steine vermittelt, die Schlote eines vor 380 Mio. Jahre aufgestiegenen untermeerischen Vulkans sind. Im Laufe der Jahrmillionen wurden diese durch Verwitterung der umgebenden Gesteine herausmodelliert und sind aufgrund ihrer Härte bis heute als Felsklippen sichtbar.

Osnabrück

Museum am Schölerberg
Natur und Umwelt — Planetarium
Am Schölerberg 8
49082 Osnabrück
☎ (05 41) 5 60 03-0

Das Museum zeigt eine geologische Sammlung mit Mineralien und Fossilien aus aller Welt. Besonderer Schwerpunkt sind Mineralien des Osnabrücker Berglandes, die unter dem Einfluß des Bramscher Plutons gebildet wurden, sowie Fossilien aus den Gesteinen des Osnabrücker Berglandes und seiner Umgebung: Pflanzen- und Tierreste aus dem Oberkarbon, Fische aus dem Kupferschiefer

(Zechstein), Seelilien aus dem Muschelkalk, Ammoniten, Belemniten und Muscheln aus Jura und Kreide, tertiäre Fossilien vom Doberg bei Bünde und eiszeitliche Knochenfunde aus dem Pleistozän. Eine Besonderheit ist der Wurzelstock einer oberkarbonen *Sigillaria* (Siegelbaum) vom Piesberg.

Museum Industriekultur
Glückaufstraße 1
49090 Osnabrück
℡ (05 41) 12 86 30

Aus denkmalpflegerischen Überlegungen heraus wurde die Gesamtanlage des ehemaligen Steinkohlenbergbaus am Piesberg im Norden Osnabrücks gesichert und als Ausstellungsstätte hergerichtet. In dem weitläufigen Industriegelände hat der Besucher die Möglichkeit, etwas über die industrielle Nutzung der Bodenschätze zu erfahren und einen Einblick in Produktionsbedingungen und gesellschaftliche Verhältnisse des vorigen Jahrhunderts zu bekommen. Es ist u. a. beabsichtigt, einen Abbaustollen wieder begehbar zu machen.
Faltblatt

Ospel (NL)

Besucherzentrum „Mijl op Zeven"
Nationalpark „De Groote Peel"
Moostdijk 28
NL-6035 RB Ospel
℡ (00 31-4 95) 64 14 97

Der Nationalpark „De Groote Peel" in den Niederlanden zählt zu den letzten intakten Hochmoorgebieten in der Region. Im Besucherzentrum ist eine Dauerausstellung zu Flora und Fauna des Moores sowie zur Geschichte der Torfgewinnung eingerichtet. An einem Bodenprofil wird die Entstehung des Moores erläutert; die Pflanzenarten, die am Aufbau der bis zu 6 m mächtigen Torfschicht beteiligt waren, werden gezeigt. Am Besucherzentrum beginnen auch die gut gekennzeichneten Wanderwege durch das Moorgebiet. (Naturhistorisches Museum „De Peel" s. Asten/NL)
Schulprojekte, Informationsmaterial, Publikationen

Paderborn

Naturkundemuseum im Marstall
Schloß Neuhaus
Marstallstraße 9
33104 Paderborn
℡ (0 52 51) 88 13 50

Ein Höhenschichtenmodell veranschaulicht die Geographie und Struktur der Paderborner Landschaftsräume wie Senne, Lippeniederung, Eggegebirge, Paderborner Hochfläche, Delbrücker Land und

Hellwegbörden. Die Darstellung typischer Lebensräume wie Wälder, Heiden, Feuchtgebiote, Landwirtschaftsflächen schließt sich hieran an und leitet über in den Ausstellungsbereich Geologie, in dem Mineralien, Gesteine und Fossilien der Region gezeigt werden. Hauptschwerpunkte sind hier die Kreide und das Quartär, die diese Region besonders geprägt haben.

Plettenberg

Bärenberger Stollen
Bärenberg
58840 Plettenberg
☎ (0 23 91) 6 42 17 oder 25 72

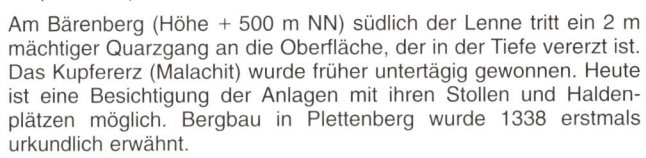

Am Bärenberg (Höhe + 500 m NN) südlich der Lenne tritt ein 2 m mächtiger Quarzgang an die Oberfläche, der in der Tiefe vererzt ist. Das Kupfererz (Malachit) wurde früher untertägig gewonnen. Heute ist eine Besichtigung der Anlagen mit ihren Stollen und Haldenplätzen möglich. Bergbau in Plettenberg wurde 1338 erstmals urkundlich erwähnt.

Porta Westfalica

Museum für Bergbau und Erdgeschichte
Bergbau-Schaupfad und Besucherbergwerk
Rintelner Straße 396
32457 Porta Westfalica-Kleinenbremen
☎ (0 57 22) 9 02 23 oder (05 71) 93 44 48/42

(Informationen für Einfahrten unter Tage)

Im ehemaligen Zechengebäude „Wohlverwahrt" wird die Geschichte des Eisenerzbergbaus im Wesergebirge durch Exponate zur Geologie, Industrie- und Sozialgeschichte dokumentiert. Grundlage der Industrie waren abbauwürdige Eisenerze in den Schichten des Malms. Das bedeutendste dieser Erzlager, das Klippenflöz, wurde auf der Grube Wohlverwahrt in Kleinenbremen abgebaut. Ein Besuch der untertägigen Anlagen mit der Grubenbahn führt zum Abbaufeld I, wo zwischen 1937 und 1939 ein Eisenerzlager in einer Mächtigkeit von 3 – 4 m abgebaut wurde. Im

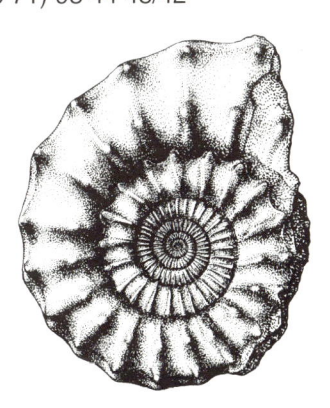

Ammonit *Peltoceras athleta*, ein charakteristisches Fossil im Dogger des Wesergebirges

Abbaufeld II erreichte das limonitische Eisenerz Mächtigkeiten bis zu 12 m. Es wurde in den Jahren 1942 – 1943 abgebaut. Im Untertagemuseum sind Geräte und Werkzeuge der Bergleute zu sehen.

Preußisch Oldendorf

Fossilienausstellung im Haus der Begegnung ⓜ
Eggetalerstraße 69A
🛈 Verkehrsamt
Rathausstraße 3
32361 Preußisch Oldendorf
☎ (0 57 42) 93 11 30

Die Sammlung zeigt vor allem Fossilien von Fundorten des Ostwestfälischen Hügellands, die im wesentlichen aus Schichten des Erdmittelalters (Trias, Jura, Kreide) stammen. Hierunter befinden sich zahlreiche Ammoniten, Belemniten, Muscheln, verkieselte Hölzer sowie Saurierknochen. Der mineralogische Teil der Sammlung wird durch Quarz-, Kalkspat- und Schwerspatkristalle von Fundplätzen des Wiehengebirges, aber auch durch Sammlungsstücke aus aller Welt repräsentiert.

Prüm

Naturkundepavillon ⓜ 🚶
Ortsausgang Richtung Dausfeld
54595 Prüm
☎ (0 65 51) 5 05 und 94 30

Im Naturkundepavillon und dem sich anschließenden Stadtpark sind mittel- und unterdevonische Gesteine und Fossilien der Prümer Kalkmulde ausgestellt.

Informationsstätte „Mensch und Natur" ⓜ
Deutsch-Belgischer Naturpark Hohes Venn – Eifel
Tiergartenstraße 54
54595 Prüm
☎ (0 65 51) 94 30 oder 33 98

Seit alters ist die Region der Prümer Kalkmulde durch ihren Fossilreichtum bekannt. Die Fossilien stammen aus dem Kalkstein des Unter- und Mitteldevons. In zwei Räumen der Informationsstätte ist aus diesem Fundmaterial eine umfangreiche Präsentation von Trilobiten, Muscheln, Brachiopoden und Korallen zusammengestellt.

Führungen, Begleitbuch

Ratingen

Stadtmuseum ⓜ
Grabenstraße 21
40878 Ratingen
☎ (0 21 02) 98 24 41 oder 98 24 42

Die ausgestellten Gesteine, Mineralien und Fossilien belegen die erdgeschichtliche Entwicklung der Landschaft am Rande des Bergischen Landes vom Mitteldevon bis zum Quartär.

Recke

Heimat- und Korbmuseum
„Alte Ruthemühle"
Steinbeckerstraße 58
49509 Recke
☎ (0 54 53) 30 88 oder 30 40

Die Steinkohlenlagerstätte und der darauf basierende Bergbau am Nordrand der Ibbenbürener Karbon-Scholle wird dem Besucher anhand von Gesteinen, Fossilien und Abbauwerkzeugen aus der Region nahegebracht. Die Verwendung des früher in Steinbrüchen bei Steinbeck abgebauten Kalksteins aus dem Zechstein für die Düngemittelherstellung und als Werkstein für den Hausbau wird dokumentiert.

Industriedenkmal Kalkofen Weßling in Recke

Kalkofen Weßling
Am Berge
49509 Recke-Steinbeck
[i] Gemeinde Recke
Hauptstraße 28
49509 Recke
☎ (0 54 53) 9 10 40

Die ältesten Zeugnisse über das Kalkbrennen in dieser Region stammen aus dem Jahr 1549. Im Gemeindeverzeichnis Recke sind Ende des 19. Jahrhunderts sechs Kalköfen erwähnt, die alle in Steinbeck lagen. Der einzige noch erhaltene Kalkofen — der Kalkofen Weßling — ist als Industriedenkmal unter Schutz gestellt und kann besichtigt werden. Er wurde 1945 errichtet und war bis 1965 in Betrieb. Das zum Brennen verwendete Gestein, ein Kalkstein des Zechsteins, wurde in den nahegelegenen Steinbrüchen gewonnen. Wegen seines vergleichsweise geringen Carbonatgehalts von 70 bis 80 % wurde der gebrannte Kalk vornehmlich als Düngekalk verwendet. Mit Einführung des Kunstdüngers wurde das Kalkbrennen unrentabel und der letzte Kalkofen 1968 stillgelegt. Eine Ausstellung von Arbeitsgeräten, historischen Aufnahmen, Grafik- und Informationstafeln vermittelt dem Besucher ein Bild von der ursprünglichen Anlage des Kalkofens Weßling und gibt Einblick in die Arbeitsweise des Kalksteinabbaus, des Mahlens und Brennens sowie in den Einsatz des fertigen Kalkdüngers.

Faltblatt

Recklinghausen

Vestisches Museum
Hohenzollernstraße 12
45659 Recklinghausen
☎ (0 23 61) 50 19 46

Die erdgeschichtliche Sammlung umfaßt ca. 2 000 Einzelstücke, überwiegend Pflanzen- und Tierfossilien, die aus verschiedenen Fundgebieten Deutschlands stammen. Eines der wertvollsten Stücke ist ein *Ichtyosaurus* (Fischsaurier) aus den Tonschiefern von Holzmaden (Jura) auf der Schwäbischen Alb. Der Untergrund Recklinghausens ist bedingt durch den Steinkohlenbergbau geologisch sehr gut erforscht. Hier liegt umfangreiches Fossilmaterial aus den Ablagerungen des Karbons, der Kreide und des Quartärs vor. Aus der Schachtanlage Auguste Victoria in Marl sind einige schön kristallisierte Mineralien zu sehen. Ein Großteil der erdgeschichtlichen Sammlung ist derzeit magaziniert und leider für die Öffentlichkeit nicht zugänglich.

Rehburg-Loccum

Dinosaurier-Freilichtmuseum Münchehagen
Alte Zollstraße 5
31547 Rehburg-Loccum
☎ (0 50 37) 20 73

In einem großen Freigelände sind lebensgroße Nachbildungen von Dinosauriern ausgestellt. Innerhalb des Museumsgeländes befindet sich das Naturdenkmal „Saurierfährten". Erdgeschichtliche Entwicklungsprozesse werden anhand von Informationstafeln erklärt.

Rijkholt (NL)

Feuersteinbergwerk Rijkholt
(Vuursteenmijn Rijkholt)
🥾 Cafe de Rijckhof, Rijksweg 184
NL-6247 AN Groensveld-Rijkholt
ⓘ Staatsbosbeheer
Gerendal 7
NL 6305 PA Schin op Geul
☎ (00 31-43) 4 59 24 69 oder 3 06 22 80

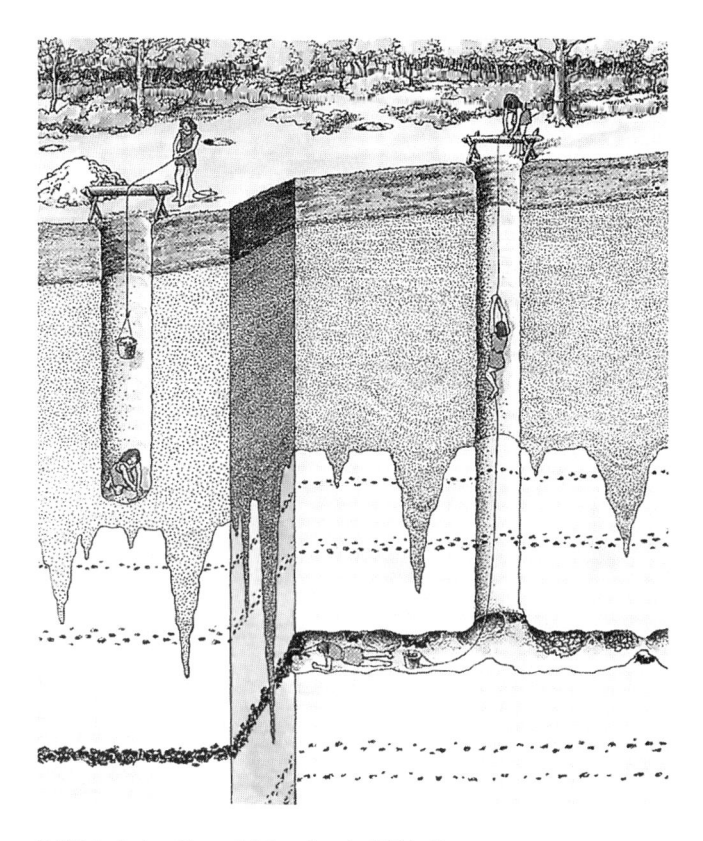

Prähistorischer Feuersteinbergbau in Rijkholt

Das prähistorische Grubenfeld im Naturschutzgebiet „Savelsbos" erreicht man nach 1/2stündiger Wanderung vom angegebenen Ausgangspunkt. Eine Besichtigung ist nur mit Führung möglich. Nachweislicher Abbau von Feuerstein aus Kalksteinen der Oberkreide erfolgte hier bereits 3750 v. Chr. Feuerstein war der bevorzugte Werkstein der Menschen in der Steinzeit. Dieses Gestein hat messerscharfe Kanten, splittert leicht und ist doch hart. Der prähistorische Mensch stellte aus Feuersteinen Hämmer, Beile oder Schaber her. Bereits 1881 fand der belgische Forscher Marcel de Puydt im „Savelsbos" eine größere Anzahl von Feuersteinbruchstücken, die er als vom Menschen bearbeitete Feursteinabschläge erkannte. 1964 wurden erste wissenschaftliche Untersuchungen durchgeführt, die deutlich machten, daß Savelsbos ein Abbaugebiet für Feuersteine und ein Zentrum für die Herstellung von Feuersteingeräten war. Mit Hilfe der Arbeitsgruppe „Prähistorischer Feuersteinbergbau" gelang es, ein großes unterirdisches Grubenfeld freizulegen. Jungsteinzeitliche Bergleute haben zwischen 4000 und 2500 v. Chr. von der Geländeoberfläche bis zu 10 m tiefe Schächte angelegt und von deren Sohle aus sternförmig den Feuerstein abgebaut. Die jetzt freigelegte und durch einen Tunnel begehbare Grubenanlage ist etwas Besonderes für Besucher, die an Archäologie, Geologie und Technikgeschichte interessiert sind.

Rinteln

Heimatmuseum
Klosterstraße 21
31737 Rinteln
☏ (0 57 51) 4 11 97

Gesteine, Mineralien und Fossilien vor allem aus Keuper, Jura, Unterkreide und Quartär dokumentieren die erdgeschichtliche Entwicklung des Gebiets der Grafschaft Schaumburg. Eine Besonderheit ist die Präsentation der „Schaumburger Diamanten". Hierbei handelt es sich um eine spezielle Mineralbildung in Schichten des Steinmergelkeupers. Diese Quarzkristalle werden bis zu 1 cm lang. Den Namen „Diamant" verdanken sie ihrer Reinheit und ihrem Glanz.

Geologische Wanderwege in der Grafschaft Schaumburg
[i] Stadtarchiv
Marktplatz 7
31737 Rinteln
☏ (0 57 51) 4 03-0 oder 40 31 66

Vier zwischen 3 und 13 km lange Wanderwege vermitteln einen Überblick über die Gesteine, den geologischen Bau und die erdgeschichtliche Entwicklung der Grafschaft Schaumburg. Im Wandergebiet sind vor allem Gesteine aus Keuper, Dogger, Malm, Unterkreide und Quartär aufgeschlossen, die diese Landschaft prägen. Historische Stätten wurden nach Möglichkeit in die Wanderwege einbezogen. Die Wanderwege führen in das Keuperbergland südöstlich Rinteln, das Quartär des Wesertals bei Krankenhagen südlich Rinteln, das Wesergebirge nördlich Rinteln und in den nordwestlichen Deister östlich Rodenberg, südlich Bad Nenndorf.

Wanderführer

Ronnenberg

Bergbaudokumentation Hansa Empelde
An der Halde 8
30952 Ronnenberg-Empelde
☏ (05 11) 4 34 07 44 oder 46 00 16

Logo des Bergbau-Museums

Von den ersten Bohrungen 1894 bis zur letzten Verfüllung im Jahre 1984 existierte das Kaliwerk Hansa Empelde 90 Jahre lang. Im ehemaligen Grubenbetriebsgebäude ist heute die technische Entwicklung des Kaliwerks dargestellt. Exponate sind Pläne, Modelle, Geleucht, Fotos, Arbeitskleidung sowie Mineralien. Ergänzend gibt es einen Raum mit Werkzeugen wie Preßlufthämmer, Säulendrehbohrer und Grubenrettungsgeräte, wie sie noch bis in die fünfziger Jahre im Kalibergbau eingesetzt wurden.

Salzhemmendorf

Besucherbergwerk „Hüttenstollen"
Orts- und Bergwerksmuseum
Unter den Tannen
31020 Salzhemmendorf-Osterwald
☎ (0 51 53) 68 16

Steinkohlenbergbau ist für diese Region seit dem 16. Jahrhundert belegt. Die Kohle gehört der Bückeberg-Folge der Unterkreide an. Sie wurde vor allem zum Betrieb der Saline Salzhemmendorf verwendet. Der Hüttenstollen, der zu einem ehemaligen Steinkohlenbergwerk gehörte, ist heute für Besucher zugänglich. Im Bergwerksmuseum gegenüber dem Hüttenstollen sind Gesteine, Fossilien, Arbeits- und Gebrauchsgeräte der Bergleute sowie historische Aufnahmen und Dokumente ausgestellt. Weitere Exponate zeigen Entstehung, Abbau und Verwendung des Unterkreide-Sandsteins, der für das Steinmetzhandwerk und die Bauindustrie der Region Bedeutung hatte. Ein etwa 4 km langer Wanderweg führt an ehemaligen Bergbauanlagen wie beispielsweise Schächte aus dem 18. und 19. Jahrhundert vorbei.

Schmallenberg

Schieferbergbau- und Heimatmuseum
Mittelstraße
57391 Schmallenberg-Holthausen
☎ (0 29 74) 60 19 oder 68 25

Die umfangreiche erdgeschichtliche Abteilung des Museums widmet sich vor allem dem Dachschiefer, seiner Entstehung, Gewinnung und Verarbeitung. Schieferabbau ist im Fredeburger Revier seit dem 16. Jahrhundert belegt; seit 1857 wird in Holthausen Schiefer gebrochen. Die Dachschieferlager kommen im oberen Teil der Fredeburg-Schichten (Mitteldevon) vor. Die meisten Gruben im Fredeburger Revier waren Tiefbaubetriebe. Die Gewinnung des Dachschiefers wird im Museumsbergwerk und anhand historischer Fotos und Urkunden sowie einem dreidimensionalen Modell vorgestellt. Eine Gesteins- und Fossiliensammlung erläutert die erdgeschichtliche Entwicklung des Schmallenberger Raums.

Ausstellungskataloge

Schwerte

Ruhrtalmuseum
Brückstraße 14 (altes Rathaus)
58239 Schwerte
☎ (0 23 04) 10 42 93

Geologische und paläontologische Belegstücke geben einen Überblick über die erdgeschichtliche Entwicklung Westfalens. Es ist vorgesehen, die geologische Abteilung in moderner Form neu zu präsentieren. Ein Großteil der Exponate ist zur Zeit magaziniert.

Siegbach

Heimatmuseum Siegbach
Hohe Straße 6
35768 Siegbach-Übernthal
☎ (02 78) 21 29 und 29 61

Übernthal war bis zur Mitte dieses Jahrhunderts ein Bergmannsdorf. Im Ort selbst gab es nur zwei kleinere Bergwerksbetriebe, in denen Schiefer und Buntmetallerze abgebaut wurden. Viele Männer des Ortes gingen jedoch in die Gruben des Schelderwaldes. An diese Bergmannszeit erinnern im Museum viele historische Fotos, Bergmannsgezähe und Bergmannsgeleuchte, dazu der ehemalige Kassenschrank des Auguststollens sowie eine umfangreiche Erz- und Mineraliensammlung. (Bergbauwanderwege im Schelderwald s. Dillenburg)

Siegburg

Stadtmuseum Siegburg
Markt 46
53721 Siegburg
☎ (0 22 41) 10 23 27

Schwerpunkt der geologischen Präsentation sind rund 2 500 Fossilfunde aus der Blätterkohle des Fundortes Rott. Sie bilden für die Wissenschaft einen Bestand von internationalem Rang und vermitteln ein Lebensbild der Flora und Fauna eines subtropischen Süßwassersees in der Küstenlandschaft der Niederrheinischen Bucht während des Oligozäns. Die Verwendung der Blätterkohle zunächst als Brennmaterial, von 1849 bis 1862 durch Verschwelung zu Teer als Grundstoff für die Mineralöl- und Paraffinherstellung, wird aufgezeigt. Exponate vom Siebengebirge und von Siegburger Vulkanen erläutern den tertiären Vulkanismus und stellen die Nutzung der Gesteine — vor allem Basalt und Trachyt — als Rohstoffe für die Bauindustrie vor. Ein anderer Bereich der geologischen Abteilung mit einer Sammlung von 1 200 Erz- und Gesteinsproben ist dem Blei-, Zink-, Kupfer- und Eisenerzbergbau des Siegburger Raumes gewidmet. Das Vorkommen hochwertiger Steinzeugtone, entstanden durch intensive Verwitterung devonischer Festgesteine im Verlauf des Tertiärs, bildet seit dem Mittelalter die Grundlage des Töpferwesens im Raum Siegburg. Archäologische Funde bestätigen einen europaweiten Handel von Siegburger Steinzeug. Vorkommen, Abbau und Verwendung der Tone sowie der Formenreichtum daraus hergestellter Steinzeuge werden gezeigt.

Katalog

Siegen

Siegerlandmuseum
Burgstraße
57072 Siegen
☎ (02 71) 5 22 28

Das Siegerland zählt zu den ältesten Erzbergbauregionen Mitteleuropas. Eisenerze (u. a. Eisenspat) prägten 2 500 Jahre lang die Siegener Geschichte. Gesteine, Erze und Mineralien dokumentieren die erdgeschichtliche Entwicklung dieser Region. In einem etwa 15 m unter dem Schloßhof gelegenen Schaustollen sind Teilbereiche bergmännischer Arbeit aus Siegerländer Eisenerzgruben dargestellt.

Heimatstube in der ehemaligen Kapellenschule
Eiserntalstraße 501
57080 Siegen-Eisern
☎ (02 71) 39 92 52 oder 3 95 46

Ausgestellt sind Arbeitsgeräte, Gebrauchsgegenstände, Urkunden und historische Abbildungen, die den Entwicklung des Siegerländer Eisenerzbergbaus belegen. Gesteine, Mineralien und Erze zeigen die Vielfalt der im Untergrund vorhandenen Rohstoffe — Grundlage des einstigen Bergbaus.

Reinhold-Forster-Erbstollen
Eiserfelder Heimatverein e. V.
Gilbergstraße 69
57080 Siegen
☎ (02 71) 38 52 22

Der im Jahre 1805 für den Erztransport aufgehauene Stollen — einst das bedeutendste Stollenbauwerk im Siegerland — ist heute auf 470 m für Besucher begehbar. Seinen Eingang ziert ein prachtvolles Portal mit reichem ornamentalen Schmuck. Den Namen „Königlicher Reinhold-Forster-Erbstollen" — benannt nach einem der bekanntesten Naturforscher des 18. Jahrhunderts — erhielt er 1838, als der Stollen in staatlichen Besitz überging.

Faltblatt

Siershahn

Schaubergwerk „Gute Hoffnung"
Poststraße
56427 Siershahn
☎ (0 26 23) 96 11 29 bzw. 56 23 oder (0 26 26) 58 62

Im Mittelpunkt des Schaubergwerks steht die 1962 für die Gewinnung von Ton errichtete Schachtanlage mit Maschinenhaus, Tonrampe und Lagerboxen. In der Eingangshalle geben historische Bergbaugeräte und Dokumente einen Einblick in die Tradition des Tonbergbaus im Westerwald; die geologische Entstehung der Tonlagerstätte während der Tertiär-Zeit wird erläutert. In einer nahegelegenen Tongrube sind die heutigen Abbaumethoden zu sehen. Auf Wunsch kann im Anschluß an eine Führung ein Besuch in einer Töpferei organisiert werden, um dort die Weiterbearbeitung des Tons mitzuerleben.

Töpfereibetrieb um 1830

Solms

Besucherbergwerk Grube Fortuna
35606 Solms-Oberbiel
☎ (0 64 43) 4 01 oder 8 24 60

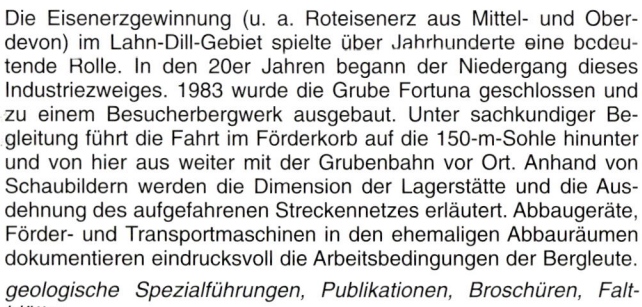

Die Eisenerzgewinnung (u. a. Roteisenerz aus Mittel- und Oberdevon) im Lahn-Dill-Gebiet spielte über Jahrhunderte eine bedeutende Rolle. In den 20er Jahren begann der Niedergang dieses Industriezweiges. 1983 wurde die Grube Fortuna geschlossen und zu einem Besucherbergwerk ausgebaut. Unter sachkundiger Begleitung führt die Fahrt im Förderkorb auf die 150-m-Sohle hinunter und von hier aus weiter mit der Grubenbahn vor Ort. Anhand von Schaubildern werden die Dimension der Lagerstätte und die Ausdehnung des aufgefahrenen Streckennetzes erläutert. Abbaugeräte, Förder- und Transportmaschinen in den ehemaligen Abbauräumen dokumentieren eindrucksvoll die Arbeitsbedingungen der Bergleute.

geologische Spezialführungen, Publikationen, Broschüren, Faltblätter

Feld- und Grubenbahnmuseum
Grube Fortuna
35606 Solms-Oberbiel
☎ (0 64 73) 23 08

Dieses technik- und sozialgeschichtliche Museum zeigt die Entwicklung der Fördertechnik im hessischen Eisenerzbergbau auf den Gleisanlagen des ehemaligen Zechengeländes.

Bergbaukundlicher Lehr- und Wanderpfad
und Zechenhaus des
Besucherbergwerks Grube Fortuna
35606 Solms-Oberbiel
☎ (0 64 43) 4 01 oder 8 24 60

Der bergbauhistorische Rundweg führt auf etwa 4 km Länge zu den Stätten der Eisenerzgewinnung im Gebiet der Grube Fortuna. An neun Stationen wird die Entwicklung des Abbaus der oberflächennahen Erzlager vom Pingenbergbau über den Tagebau zum späteren Tiefbau verdeutlicht. Entlang der Wegstrecke markieren Grenzsteine der Markscheide, ein Wetterbohrloch und der Kreuzungspunkt mit dem „Tiefen Stollen" die Ausdehnung der untertägigen Grubenanlage.

Exkursionsführer

Sonsbeck

Geologischer Wanderweg in der Sonsbecker Schweiz
Dassendaler Weg 14, Römerturm
Gemeindeverwaltung Sonsbeck
Herrenstraße 2
47665 Sonsbeck
☎ (0 28 38) 3 60

Der geologische Wanderweg beginnt am Römerturm und führt auf einer Länge von 1,5 km zum Aussichtsturm auf dem Dürsberg, dessen oberste Plattform mit 100 m über dem Meeresspiegel die höchste Erhebung innerhalb des halbkreisförmigen Höhenrückens des Balberges ist. An sechs Stationen mit Schautafeln, Bohrprofilen und typischen Gesteinen wird die erdgeschichtliche Entwicklung der Niederrheinischen Bucht und vor allem die des Sonsbecker Hügellandes während der Erdneuzeit erläutert. Der Balberg ist Teil des Niederrheinischen Höhenzuges, der sich von Nijmegen in den Niederlanden über Kleve, Sonsbeck bis nach Krefeld erstreckt. Als Stauchmoräne verdankt dieser Höhenzug seine Entstehung dem während der Saale-Kaltzeit (Pleistozän) vorrückenden Inlandeis. Ein Blick vom Aussichtsturm zeigt sehr schön die bogenförmige Struktur des Höhenzuges, die den Endstand einer Gletscherzunge markiert.

Broschüre

Springe

Museum auf dem Burghof
Auf dem Burghof 1A
31832 Springe
☎ (0 50 41) 6 17 05

Dokumentiert werden die regionale Geologie sowie Entstehung, Abbau und Verwendung der in dieser Region anstehenden Sandsteinbänke der Unterkreide. Der helle Sandstein mit durchweg dichtem

Gefüge ist wegen seiner guten Bearbeitbarkeit bei den Steinmetzen sehr begehrt. Als Baustein fand er am Berliner Reichstag und der Oper in Hannover Verwendung.

Stadtoldendorf

Stadtmuseum „Charlotte-Leitzen-Haus"
Amtsstraße 8 – 10
[i] Samtgemeindeverwaltung
Kirchstraße 4
37627 Stadtoldendorf
☎ (0 55 32) 9 00 50

Gesteine, Mineralien und Fossilien vor allem aus der Trias veranschaulichen die erdgeschichtliche Entwicklung dieser Region. Die Bedeutung der Sandsteine des Buntsandsteins aus der Umgebung als Ausgangsmaterial hochwertiger Steinmetzprodukte wird dokumentiert.

Steinfurt

Geschiebemuseum Schäfer
Gleiwitzer Straße 20
48565 Steinfurt
☎ (0 25 51) 56 67

Die Sammlung zeigt Gesteine, die während der Saale-Kaltzeit (Pleistozän) durch das nordische Inlandeis überwiegend aus Skandinavien ins Münsterland transportiert wurden. Präsentiert wird ein umfangreiches Geschiebeinventar vor allem aus zwei Kiesgruben im Münsterländer Kiessandzug. Die Sammlung besteht überwiegend aus kristallinen Geschieben. Unter den sedimentären Geschieben nehmen Exponate mit Fossilien (Geschiebefossilien) wie Trilobiten, Brachiopoden, Tentakuliten einen breiten Raum ein. Das Geschiebemuseum kann nur nach Voranmeldung besucht werden.

Höhlen
(von oben nach unten)

Eingang zur Balver Höhle (Balve)

Stalagmit in der Kaiserhalle der Dechenhöhle (Iserlohn-Letmathe)

Junge weiße Sinter überwachsen ältere braune Sinter
(Karsthöhle Malachitdom in Wünnenberg-Bleiwäsche,
für Besucher nicht zugänglich)

Imposante Tropfsteinbildungen in der Heinrichshöhle (Hemer)

Attendorner Tropfsteinhöhle (Attendorn)

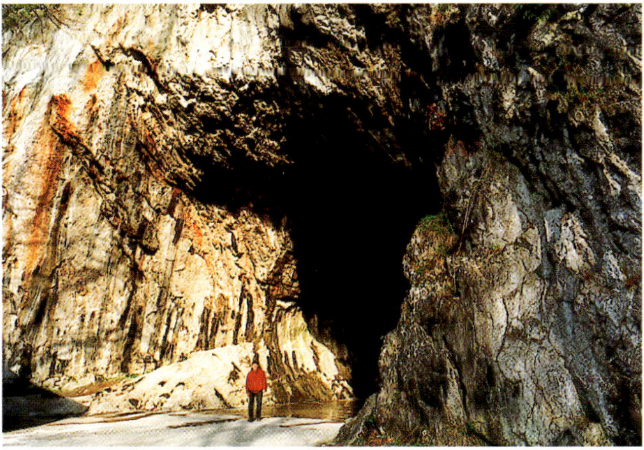

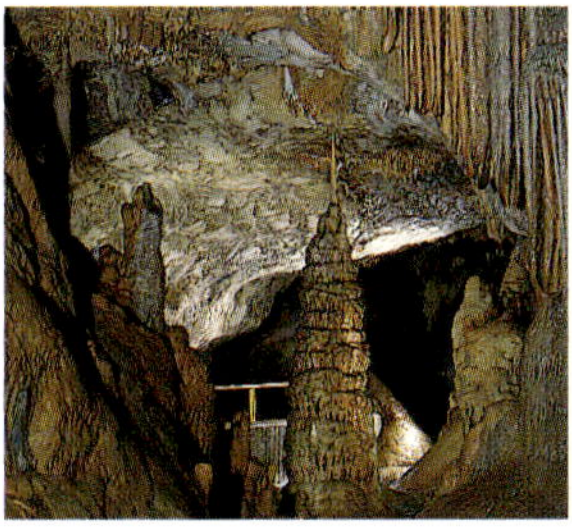

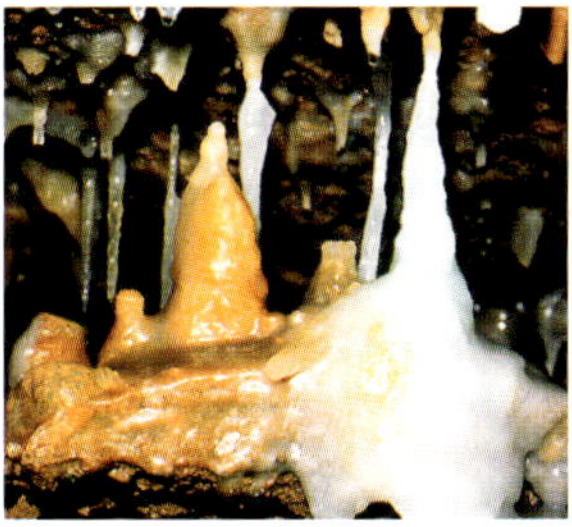

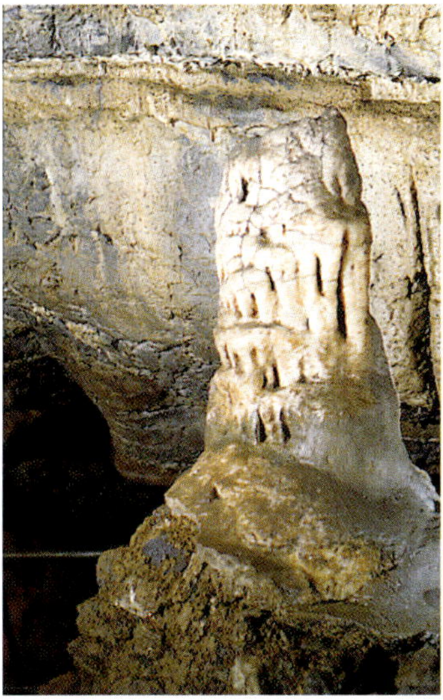

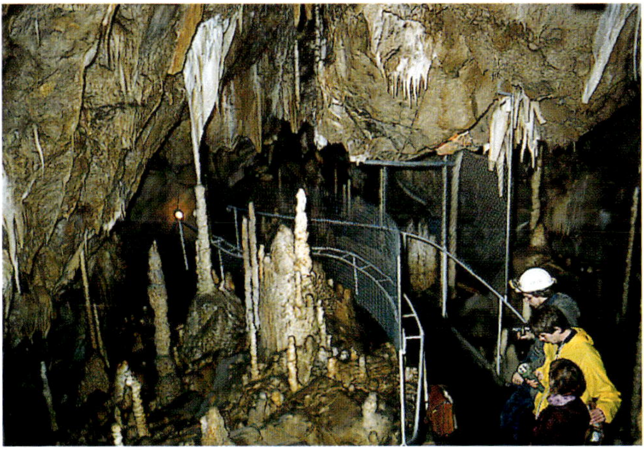

Stolberg

Heimat- und Handwerksmuseum Stolberg
Luziaweg
52222 Stolberg
☎ (0 24 02) 8 22 50 oder 8 17 20

Eine umfangreiche Gesteins-, Fossilien- und Mineraliensammlung dokumentiert die erdgeschichtliche Entwicklung des Stolberger Raumes. Eng damit verbunden sind der Bergbau und die metallverarbeitende Industrie. Blei- und Zinkerze aus Devon und Karbon sind in der Region weit verbreitet. Die Zahl der ehemals betriebenen Bergwerke ist groß; viele von ihnen hatten überregionale Bedeutung. Ein häufiges Zinkerz im oberflächennahen Bereich der Lagerstätte ist der Galmei (Zinkcarbonat). Auf sein Vorkommen ist die altberühmte Stolberger Messingindustrie begründet. Ein weiterer Ausstellungsbereich, der sich noch im Aufbau befindet, soll der oberkarbonen Steinkohle und dem Steinkohlenbergbau im Aachener Revier gewidmet sein. Hierzu ist auch die Anlage eines Besucherstollens geplant.

Museumsführer

**„Der historische Wanderweg
von Atsch bis Elgermühle"**
Rhenaniastraße/Ecke Münsterbachstraße
Werbe- und Verkehrsreferat
Rathausstraße 14
52222 Stolberg
☎ (0 24 02) 1 34 99

Der 6 km lange historische Wanderweg diente vor 400 Jahren als Verbindung zwischen den Kupfermühlen entlang des Münsterbaches. An zahlreichen gut ausgeschilderten Stationen wird die Montan- und Industriegeschichte des Raumes, die durch die vorhandenen Rohstoffe wie das Zinkerz Galmei, Dolomit und Steinkohle und das Wasserdargebot geprägt ist, anhand zahlreicher Industriedenkmale aufgezeigt. Hierzu gehören technische Einrichtungen wie Glühöfen, Pumpenhäuser, Mühlen, Stauweiher und Hammerwerke. Entlang des Baches bieten steile Talhänge einen guten Einblick in die Schichtenfolge des Oberkarbons. Die hier auftretenden Steinkohlenflöze wurden seit dem 16. Jahrhundert oberflächennah in Pingen und seit dem 19. Jahrhundert im Tiefbau über Schächte abgebaut.

Faltblatt

Swalmen (NL)

Folkloristisches Museum Asselt
Pastoor Pinckersstraat 26a
NL-6071 NW Swalmen
☎ (00 31-4 75) 50 15 01

Das Museum ist in einem ehemaligen Kutscherhaus des Hofs von Asselt untergebracht. Unter anderem ist eine Fossilienkollektion ausgestellt. Vor allem handelt es sich um Knochen eiszeitlicher Säugetiere, aber auch um Flußgerölle mit eingeschlossenen Fossilien, die bei Kiesabgrabungen oder Regulierungsarbeiten der Maas gefunden wurden.

Tecklenburg

Kreismuseum
Am Wellenberg 1
49545 Tecklenburg
☎ (0 54 82) 70 37 39

Die Strukturveränderung einer Region wird am Beispiel der hier vorkommenden mineralischen Rohstoffe aufgezeigt. Der Abbau von Kalkgesteinen der Kreide, vereinzelt auch des Zechsteins und Muschelkalks, und die Weiterverarbeitung zu Branntkalk war hier seit Jahrhunderten ein bäuerlicher Nebenerwerb. Die technische Weiterentwicklung vom Kalkmeiler über den Schachtofen zum modernen Drehofen wird anhand von Dokumenten, Modellen und Geräten aufgezeigt. Älteste Belege für den Abbau von Steinkohle aus dem Oberkarbon lassen sich in einer Darstellung des Grubengebäudes, entstanden um 1700, nachweisen. Die Fortschritte in der Abbautechnik und die damit verbundenen gesellschaftlichen Veränderungen belegen Modelle, Arbeitsgeräte, historische Aufnahmen und Dokumente. Die erdgeschichtliche Entwicklung der Region wird anhand zahlreicher Belegstücke dokumentiert.

Ulft (NL)

Museum Oer
Schoolstraat 7
NL-7071 ZX Ulft
☎ (00 31-3 15) 68 56 79

Präsentiert werden Mineralien, Fossilien und vor allem Geschiebe aus den Stauchmoränengebieten (Pleistozän) der Region. Als Besonderheit ist eine Sammlung nordischer Geschiebe mit Fossilieneinschlüssen zu bewundern.

Unna

Hellweg-Museum
Burgstraße 8
59423 Unna
☎ (0 23 03) 10 34 11

Exponate erläutern die regionale Geologie, vor allem die erdgeschichtlichen Abschnitte der Kreide und des Karbons. Weitere Themen sind die Steinkohlenlagerstätte und ihr Abbau sowie das Auftreten von salzhaltigen Quellen am Hellweg und ihre Nutzung in Salinen.

Rad- und Wanderwege zu den geologischen Naturdenkmalen im Kreis Unna
ℹ Kreis Unna, Umweltamt
Platanenallee 16
59425 Unna
☎ (0 23 03) 2 70

In einem geologischen Wanderführer sind Rad- und Wanderwege zu geologischen Naturdenkmalen im Kreis Unna beschrieben. Vermerkt sind geologische Aufschlüsse, Quellen, Relikte des alten Bergbaus und Spuren der ehemaligen Salzgewinnung. Die empfohlenen Wege und geologischen Besonderheiten sind bisher allerdings noch nicht besonders gekennzeichnet.

Wanderführer

Uslar

Kali-Bergbaumuseum Volpriehausen
Wahlbergstraße 1
37170 Uslar-Volpriehausen
☎ (0 55 73) 3 47

Das Museum zeigt eine Dokumentation der Steinsalz- und Kalisalzvorkommen (Zechstein) in Südniedersachsen mit einer umfangreichen Sammlung von Salzmineralien aus der ganzen Welt. Im Mittelpunkt der Ausstellung stehen Zeugnisse des historischen Kalibergbaus, der in Volpriehausen 1938 eingestellt wurde.

Valkenburg (NL)

Römische Katakomben
Plenkertstraat 55
NL-6301 GM Valkenburg
☎ (00 31-43) 6 01 25 54

Die unterirdischen Hohlräume in dieser Region sind durch den Abbau von Kalkstein entstanden. In Südlimburg ist dieser Kalkstein der Oberkreide unter dem Begriff „Mergel" bekannt. Zwischen 1908 und 1913 wurden die Kalksteingruben künstlerisch ausgestaltet und einer bekannten Katakombe in Rom nachgebaut.

Prähistorische Schaugrube
Plenkertstraat 49
NL-6301 WH Valkenburg
☎ (00 31-43) 6 01 49 92

In dieser untertägigen Anlage erhält man Einblicke in die Kalksteingewinnung. Weitere Exponate widmen sich der Vor- und Frühgeschichte des Menschen.

Steinkohlenbergwerk
Daalhemerweg 31
NL-6300 AA Valkenburg
☎ (00 31-43) 6 01 24 91

Das Steinkohlenschaubergwerk wurde in einer ehemaligen Kalksteingrube angelegt. Es wird ein umfassendes Bild des untertägigen Steinkohlenbergbaus gezeigt, der bis zur Schließung der letzten Schachtanlagen im Jahr 1974 in Südlimburg große Bedeutung hatte.

Gemeindegrotte
Couberg
NL-6300 AV Valkenburg
☎ (00 31-43) 6 01 33 64

Die Grotte besteht aus einem unterirdischen Gangsystem, das von Menschen in den weichen Kalkstein gemeißelt wurde. Bereits die Römer verwandten dieses Gestein für den Bau ihrer Häuser und Verteidigungsanlagen. In den unterirdischen Gängen — wahlweise mit der Grubenbahn oder zu Fuß zu besichtigen — herrscht eine gleichbleibende Temperatur von 12 °C. Eine Besonderheit ist ein unterirdischer See.

Historische Fluweelengrotten
Daalhemerweg 27
NL-6301 BJ Valkenburg
☎ (00 31-43) 6 01 22 71

Die Grotten sind durch den untertägigen Abbau von Kalkstein entstanden. Die Abbautechniken werden erläutert.

Velen

Museum Burg Ramsdorf
Burgplatz
46342 Velen-Ramsdorf
☎ (0 28 63) 53 75 oder 68 20

Gesteine, Mineralien und Fossilien belegen die erdgeschichtliche Entwicklung dieser Region. Schwerpunkt der Präsentation sind Fossilien aus Karbon, Kreide und Quartär.

Velp (NL)

Gelders Geologisch Museum
Parkstraat 32
NL-6881 JG Velp (Arnhem)
☎ (00 31-26) 3 64 29 96

Das Museum verfügt über eine umfangreiche Sammlung von Mineralien aus aller Welt. Eine Kollektion nordischer Geschiebe, darunter auch Geschiebefossilien, stammt von Fundplätzen in den saalezeitlichen Stauchmoränen (Pleistozän) und Schmelzwasserablagerungen der Umgebung. Die Evolution auf unserem Planeten wird anhand von Fossilien dokumentiert. Auch sind eine reichhaltige Sammlung von versteinerten Hölzern sowie Mikromineralien (Micromounts) zu sehen.

Viersen

Süchtelner Heimatmuseum Viersen
Propsteistraße 15
41749 Viersen
☎ (0 21 62) 84 13

Die Dauerausstellung präsentiert Fossilfunde aus der ehemaligen Formsandgrube Karlsberg (Oligozän). Neben verschiedenen Muschel- und Schneckenarten aus dem Tertiär-Meer sind auch Relikte eiszeitlicher Säugetiere (Pleistozän), z. B. Reste von Backenzähnen des Mammuts, ausgestellt.

Vreden

Moormuseum Westliches Münsterland
Biologische Station Zwillbrock
Zwillbrock 10
48691 Vreden
☎ (0 25 64) 46 00

Im Moormuseum wird aufgezeigt, wie der Mensch das Moor durch Entwässerung und Torfabbau zerstört hat und welche Renaturierungsmöglichkeiten bestehen. Zu sehen sind Reste von Hochmoorflächen, Feuchtwiesen und Heideflächen.

Hamaland-Museum
Butenwall 4
48691 Vreden
☎ (0 25 64) 10 36

Die regionale Geologie wird anhand von Fossilien aus der Kreide und dem Quartär vorgestellt. Die Sammlung ist zur Zeit magaziniert.

Wageningen (NL)

International Soil Reference and Information Centre (ISRIC)
Internationales Bodenreferenz- und Informations-Zentrum
Duivendaal 9
NL-6701 AR Wageningen
☎ (00 31-3 17) 47 17 11

In der Ausstellung wird eine Auswahl der ca. 800 Bodenarten umfassenden Sammlung des ISRIC gezeigt. Dabei werden die vorgestellten Böden den Landschaften, in denen sie vorkommen, und ihrer möglichen Nutzung zugeordnet. Ihre Entstehung und Gefährdung wird aufgezeigt. Eine Sammlung von Bodenkarten, ein Bodeninformationssystem sowie bodenkundliche Publikationen ergänzen die Präsentation.

Waldbrunn

Kulturgeschichtliches Heimatmuseum
im Ludwig-Bös-Haus
Hintermeilinger Straße
65620 Waldbrunn-Ellar
☎ (0 64 36) 49 38

In der geographisch-geologisch-mineralogischen Abteilung wird die erdgeschichtliche Entwicklung des Westerwälder Hügellandes dargestellt. Modelle, Karten und Grafiken zeigen den Schalenaufbau der Erde, die Entstehung der Gesteine und Gebirge, die Kontinentalverschiebung sowie geologische Karten und Bodenkarten der Region. Ein Ausstellungsbereich befaßt sich mit der Entstehung des Rheinischen Schiefergebirges im Zusammenhang mit der Gesamtentwicklung des europäischen Kontinents. Fossilien aus fast allen erdgeschichtlichen Epochen belegen die Entwicklung des Lebens auf der Erde. Gesteine wie Basalt und Tuff aus den heimischen Steinbrüchen sind ebenso ausgestellt wie Quarzit, Ton und verschiedene Mineralien. Die Darstellung der Gewinnung heimischer Bodenschätze rundet den erdgeschichtlichen Teil der Ausstellung ab. Eine Besonderheit ist ein echter Steinmeteorit.

Museumsführer

Waldeck

Burgmuseum Waldeck
Burghotel Schloß Waldeck
34513 Waldeck
☎ (0 56 23) 53 24

Dokumentiert wird die Gewinnung des Edergoldes. Ausgestellt sind Mineralien, Gesteine, Gerätschaften, historische Aufnahmen, Dokumente zum Goldbergbau und zur Goldwäscherei. Die Goldwäscherei ist seit der ersten Hälfte des 13. Jahrhunderts beurkundet. Die Mehrzahl der Waschplätze befand sich in der Grafschaft Waldeck und in der Landgrafschaft Hessen-Kassel. Das Edergold gelangte in jüngster erdgeschichtlicher Vergangenheit aus abgetragenen Kulm-Schichten (Unterkarbon) in die Bach- und Flußsedimente. Auch heute noch können Hobbygoldwäscher aus den Sedimenten der Eder und der ihr zufließenden Bäche Gold waschen.

Waltrop

Heimatmuseum
„Riphaushof"
Riphausstraße 31
45731 Waltrop
☎ (0 23 09) 7 27 59

Gesteine und Fossilien, Arbeitsgeräte, Dokumente und historische Ansichten erläutern die Steinkohlenlagerstätte aus dem Oberkarbon und den hier umgegangenen Bergbau.

Warstein

Städtisches Museum Haus Kupferhammer
Belecker Landstraße 9
59581 Warstein
☎ (0 29 02) 10 78

Haus Kupferhammer dokumentiert beispielhaft Aufstieg und Wandlung der kulturellen und industriellen, eng mit den Erfolgen des Bergbaus verknüpften Entwicklung im nördlichen Sauerland. Der Fundus des Museums besteht vor allem aus Material des im 19. Jahrhundert im Warsteiner Raum umgegangenen Eisenerzbergbaus. Die Eisenerzlager sind an den Warsteiner Sattel gebunden. Vor allem in Schichten des Oberdevons treten in Störungsbereichen Rot- und Brauneisenstein auf. Eine umfangreiche, nach systematischen Gesichtspunkten angelegte Mineraliensammlung wird in der Dauerausstellung präsentiert. Attraktion ist das bei paläontologischen Grabungen freigelegte, fast vollständig erhaltene Skelett eines Höhlenbären aus dem Pleistozän.

Rekonstruktion des Höhlenbären *Ursus spelaeus*

Bilsteinhöhle
[i] Stadtverwaltung
Dieplohstraße 1
59581 Warstein
☎ (0 29 02) 27 31

Durch die carbonatlösende Wirkung des Wassers enstand ein unterirdisches Hohlraumsystem im mitteldevonischen Massenkalk des Warsteiner Sattels: die Bilsteinhöhle. Sie wurde im Jahre 1887 bei Wegearbeiten entdeckt und enthält sehenswerte Sinterablagerungen. Die Höhle ist Teil eines größeren Karstwassersystems. Der Bilsteinbach versinkt in einer Schwinde, durchläuft den Fels auf 300 m und tritt an zwei Quellen am Höhlenrestaurant wieder aus. Bei Ausgrabungen wurden pleistozäne Tierknochen und Kulturspuren des eiszeitlichen Menschen entdeckt.

Weibern

Tuffsteinmuseum „Steinmetzbahnhof"
Im alten Bahnhof
56745 Weibern
[i] Verbandsgemeinde Brohltal
Kapellenstraße 12 (Rathaus)
56651 Niederzissen
☎ (0 26 36) 9 74 01 16

Im ehemaligen Bahnhofsgebäude der Brohltaleisenbahn wird die bedeutende Rolle des Weiberner Tuffs, seine Gewinnung, künstlerische und handwerkliche Verarbeitung und sein Beitrag zur Kulturgeschichte dokumentiert. Die Tuffe wurden vor ca. 450 000 Jahren (Pleistozän) aus dem Schlot eines Vulkankomplexes als heißes Gas-Asche-Gesteinsgemisch herausgeschleudert und überdecken mit bis zu 30 m Mächtigkeit die Landschaften um Weibern. Eine komplette Sammlung von Gesteinen der Osteifel mit einzigartigen Sammlungsstücken führt in die Geologie der Region ein, die vor allem durch den Vulkanismus geprägt ist. Das Thema „Tuffstein" wird durch Gesteine, Grafiken, Fotos und Texte ausführlich behandelt. Ein aktivierbares Vulkanmodell, ein Steinbruchmodell und der Arbeitsplatz eines Steinmetzen werden gezeigt. Steinmetzprodukte belegen die große Kunstfertigkeit der örtlichen Steinmetze.

Freizeit- und Wochenendaktionen, Führungen, Broschüren

Weilburg

Bergbau- und Stadtmuseum
Schloßplatz 1
35781 Weilburg/Lahn
☎ (0 64 71) 3 14 59

Geologie und Rohstoffvorkommen der Region werden im Museum durch Ausstellungsstücke zum Eisenerzbergbau des Lahn-Dill-Gebiets, dem Tonbergbau und der Tonverarbeitung, dem Dachschieferbergbau sowie durch eine umfangreiche mineralogisch-lagerstättenkundliche Sammlung repräsentiert. In einem kleinen, originalgetreu nachgebildeten Eisenerzbergwerk ist ein Schaustollen eingerichtet. Ein weiterer Teil der untertägigen Anlagen ist dem Tonbergbau gewidmet. Hier kann der Besucher die Arbeitsweise einer Tongewinnungsmaschine miterleben.

Broschüren

Kubacher Kristallhöhle
35781 Weilburg-Kubach
☎ (0 64 71) 9 40 00 – 02

Die Kubacher Kristallhöhle besitzt mit ihrem 30 m hohen Gewölbe den höchsten Einzelhohlraum aller deutschen Schauhöhlen. Wände und Decke sind in einzigartiger Weise von Kalkspatkristallen und unzähligen Perltropfsteinen überkrustet — daher der Name Kristallhöhle. Die Höhle wurde 1974 entdeckt und ist seit 1981 für Besucher zugänglich. Das Höhlenmuseum zeigt neben einer Mineralien- und

Fossiliensammlung Exponate und Tafeln zur Entwicklungsgeschichte der Erde. Das Freilicht-Steinemuseum gegenüber dem Eingang der Kubacher Kristallhöhle gibt Besuchern die Möglichkeit, Gesteinsarten aus verschiedenen Epochen der Erdgeschichte kennenzulernen.

Broschüren

Geologischer Lehrpfad
[i] Bergbau- und Stadtmuseum
Schloßplatz 1
35781 Weilburg/Lahn
☎ (0 64 71) 3 14 59

Der Lehrpfad erschließt im Lahntal südlich und nördlich von Weilburg auf 4 km Wegstrecke 22 Aufschlußpunkte links und rechts der Lahn. Schautafeln erläutern die Geologie. Aufgeschlossen sind Gesteinsserien des Mitteldevons bis Unterkarbons, die von der Lahn während des Pleistozäns als Steilwände herausmodelliert wurden. Zu sehen sind Plattenkalksteine des Oberdevons, der dichte Diabas des Mitteldevons (der auch den durch die Lahn fast kreisförmig herausmodellierten Schloßfelsen Weilburgs bildet), Keratophyre aus dem Mitteldevon sowie Diabas aus dem Unterkarbon, der in mitteldevonische Schichten eingedrungen ist. Eine Information zur Wegführung gibt die „Kleine Geologie des Weilburger Landes".

Exkursionsführer

Weissenthurm

Eulenthurm-Museum
Turmhof
56575 Weissenthurm
☎ (0 26 37) 20 01

Durch den Ausbruch des Laacher See-Vulkans vor ca. 11 000 Jahren wurde die Region von einer meterdicken Schicht vulkanischer Asche bedeckt, aus der sich durch Verbacken des Materials Bims bildete. Schwerpunkt der Präsentation ist die Entstehung, Verbreitung und wirtschaftliche Nutzung dieses Rohstoffs.

Wenden

Schaubergwerk „Stollen Schlägelsberg"
(vormals Stollen Burmeister)
Platinweg 25
57482 Wenden-Möllmicke
☎ (0 27 62) 57 33

Nördlich des Wendetals im Gebiet des Balzenberges hatte die Gewerkschaft „Schlägelsberg" zu Beginn dieses Jahrhunderts einen großen Besitz an Grubenfeldern erworben, deren bekanntestes das Feld Burmeister ist. Der ehemalige Besitzer des Grubenfeldes hatte in seinem chemischen Laboratorium Platin in den Gesteinen nachgewiesen und versucht, Platin in großem Stil abzubauen. Das darauf einsetzende Platinfieber führte zu dem großen Feldererwerb der Gewerkschaft „Schlägelsberg". Die Erwartungen haben sich aber nicht erfüllt; man muß annehmen, daß hier eine Täuschung vorgelegen hat. Der Bergbau wurde 1921 eingestellt. Heute ist der 500 m lange Hauptstollen mit Querschlägen als Schaubergwerk hergerichtet.

Werl

Städtisches Museum Haus Rykenberg
Am Rykenberg 1
59457 Werl
☎ (0 29 22) 86 16 31

Die Salzgewinnung und das Salinenwesen im Raum Werl basieren auf den salzhaltigen Quellen, die entlang des Hellwegs entspringen. Die Nutzung dieser Quellen wird erläutert; einige Fossilien aus der Kreide sind ausgestellt.

Werne

Karl-Pollender-Stadtmuseum
Kirchhof 13 (altes Amtshaus)
59368 Werne
☎ (0 23 89) 7 14 41

Das Museum ist in einem aus dem 17. Jahrhundert stammenden Gebäude, dem ehemaligen Amtshaus des fürstbischöflichen Rentmeisters, untergebracht. Schwerpunkte bilden die Themen „Werne als Kurbad" und „Werne als Bergbaustadt". Daneben ist eine Sammlung zur regionalen Geologie und Paläontologie ausgestellt.

Westerburg

Fossiliensammlung
Neustraße 40a (Ratssaalgebäude)
56457 Westerburg
☎ (0 26 63) 29 10

Ausgestellt sind Fossilien und Gesteine aus dem Westerwald, darunter Trilobiten, Tentakuliten, Muscheln, Brachiopoden, Korallen und Seelilien aus dem Devon.

Geologischer Garten
Rathausplatz
Neustraße 40
56457 Westerburg
☎ (0 26 63) 29 10

Eine Geoscheibe im Geologischen Garten zeigt die für diese Region wichtigen Abschnitte der Erdgeschichte. Unterschiedlich breite Ringe aus Natursteinpflaster für Erdaltertum, Erdmittelalter und Erdneuzeit sollen die Dauer des jeweiligen Erdzeitalters deutlich machen. Im Garten sind Blöcke von Basaltlava, Massenkalk, Diabas, Grauwacke, Trachyt, Tonstein, Quarz und andere mit Erklärungen zu ihrer Entstehung und ihrem Alter ausgestellt.

Wiehl

Wiehler Tropfsteinhöhle
Waldhotel Hartmann
☎ (0 22 62) 79 20
[i] Stadtverwaltung
Bahnhofstraße 1
51674 Wiehl
☎ (0 22 62) 9 91

Die 1 600 m lange Höhle wurde 1860 bei Sprengarbeiten in einem Kalksteinbruch entdeckt. Sie liegt in den Riffkalksteinen des Mitteldevons. Einzelne Gänge weisen reichen Sinterschmuck auf, in anderen Höhlenbereichen konnten sich wegen der Füllung mit Höhlenlehm kaum Tropfsteine ausbilden. Eine Besonderheit ist die „Kristallgrotte" mit herrlich weiß ausgebildeten Kalkspatkristallen an Wänden und Decke.

Willingen

Besucherbergwerk Schiefergrube „Christine"
Schwalefelder Straße 28
34508 Willingen
☎ (0 56 32) 62 20 oder 66 11

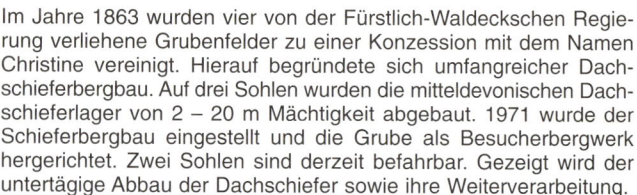

Im Jahre 1863 wurden vier von der Fürstlich-Waldeckschen Regierung verliehene Grubenfelder zu einer Konzession mit dem Namen Christine vereinigt. Hierauf begründete sich umfangreicher Dachschieferbergbau. Auf drei Sohlen wurden die mitteldevonischen Dachschieferlager von 2 – 20 m Mächtigkeit abgebaut. 1971 wurde der Schieferbergbau eingestellt und die Grube als Besucherbergwerk hergerichtet. Zwei Sohlen sind derzeit befahrbar. Gezeigt wird der untertägige Abbau der Dachschiefer sowie ihre Weiterverarbeitung.

Geologisches Landesamt Nordrhein-Westfalen
(von oben nach unten)

Sonderausstellung „Erze und Mineralien in NRW" in der Eingangshalle

Kupferkies, Pyrit, Siderit aus der Grube Georg (Willroth, Neuwied)

Goniatites crenistria, ein Kopffüßer aus dem Unterkarbon von Alme

Bodenprofil aus Westerkappeln: Humoser Heideboden aus Flugsand über einer Torflage (ca. 9 000 Jahre vor heute)

Tertiärer Bartenwal *Plesiocetus* sp. KK vom Fundort Kervenheim

119

Wilnsdorf

Heimatstube Rinsdorf
Alte Dorfstraße 8
57234 Wilnsdorf-Rinsdorf
☎ (0 27 39) 80 22 11 oder 31 15

Eine Mineraliensammlung und verschiedene Grubenlampen aus dem 19. und 20. Jahrhundert können besichtigt werden.

Winterberg

Informationszentrum Kahler Asten
Astenturm 1
59955 Winterberg
☎ (0 29 81) 25 34 oder 8 13 54

Gesteine, Mineralien und Fossilien erzählen die 370 Mio. Jahre alte Entstehungsgeschichte des Rothaargebirges. Exponate zum Thema „Wald- und Bodenschutz" geben Anregungen zum bewußten Umgang mit der Natur und Einsicht in ökologische Zusammenhänge. Vom Astenturm (Höhe + 860 m NN) hat man einen guten Rundblick über die Gebirgskämme des Rothaar, eines der größten zusammenhängenden Waldgebiete Deutschlands.

Führungen, Naturlehrpfad

Winterswijk (NL)

Museum Freriks
Groenloseweg 86
NL - 7101 AK Winterswijk
☎ (00 31-54 30) 1 61 35

In diesem Heimatmuseum mit einer geologisch-paläontologischen Sammlung von Fundstücken aus der Umgebung von Winterswijk sind insbesondere Fossilien aus Muschelkalk, Kreide und Tertiär sowie eiszeitliche Geschiebe des Pleistozäns zu sehen.

Exkursionen, Broschüren, Publikationen

Witten

Heimatmuseum
58452 Witten
☎ (0 23 02) 15 60 oder 15 69

Das Museum, das eine Regionalsammlung zur Mineralogie, Geologie und Paläontologie beherbergt, ist zur Zeit geschlossen.

Bergbaurundweg Muttental
🚶 Schloß Steinhausen
Auf Steinhausen
Museum Bethaus im Muttental
ℹ️ Verkehrsverein Witten
58449 Witten
☎ (0 23 02) 5 81 13 08 oder 1 22 33

Der ca. 9 km lange Rundwanderweg führt vorbei an Aufschlüssen und Bergbaurelikten aus 450 Jahren Steinkohlengewinnung. Ein eindrucksvolles Erlebnis ist eine Einfahrt in einen 165 m langen Stollen der Zeche Nachtigall. Hier wurde bis 1892 Kohle gefördert. Anfang des 19. Jahrhunderts ging man vom Stollenbau zum Tiefbau über. In den ehemaligen Gebäuden der Schachtanlage Nachtigall ist ein Museum geplant, das alle Phasen des Umbruchs im frühindustriellen Ruhrbergbau mit seinen Auswirkungen auf die Arbeit des Bergmanns zeigen soll. Ein kleines Museum befindet sich in den historischen Räumen eines ehemaligen Bethauses der Bergleute am Haltepunkt 2 des Wanderweges. Modelle, historische Arbeitsgeräte, Fotos und Dokumente verdeutlichen die Geschichte des Bergbaus im Muttental. Auf dem Gelände der Zeche Theresia kann man Schmalspurbahnen besichtigen. An Sommerwochenenden finden auch Fahrten statt.

Führungen, Broschüre, Exkursionsführer

Wülfrath

Niederbergisches Museum Wülfrath
Bergstraße 22
42489 Wülfrath
☎ (0 20 58) 1 82 76

Neben der Geologie und Mineralogie des Bergischen Landes wird die Entwicklung der Kalksteingewinnung und die derzeitigen Produktionsbedingungen in der kalkverarbeitenden Industrie gezeigt.

Wuppertal

Fuhlrott-Museum
Auer Schulstraße 20
42103 Wuppertal
☎ (02 02) 5 63 26 18

Die Entwicklung des Museums ist eng mit dem Naturwissenschaftlichen Verein Wuppertal und seinem Gründer JOHANN CARL FUHLROTT verbunden. Schwerpunkte der Ausstellungen in den Abteilungen Biologie, Paläontologie, Geologie, Mineralogie und Umweltkunde sind die Stammesgeschichte des Menschen, die Erdgeschichte, die ältesten Landpflanzen des Rheinlandes, die Geologie des Wuppertaler Raumes, die Erzlagerstätten des Bergischen Landes, Vorkommen und Nutzung der Kalkgesteine im Bergischen Land sowie der Kreislauf der Gesteine.

Museumspädagogische Einrichtungen, Spezialbibliothek

**Geologischer Wanderweg
„Der Eulenkopfweg"**
🏃 Haus Richter/In der Beek
42113 Wuppertal-Elberfeld
ⓘ Fuhlrott-Museum
Auer Schulstraße 20
42103 Wuppertal
☎ (02 02) 5 63 26 18

Der „Eulenkopf", ein fossiler Brachiopode aus Gesteinsschichten des Mitteldevons mit dem wissenschaftlichen Namen *Stringocephalus burtini,* hat diesem Weg seinen Namen gegeben. Der ca. 40 km lange Wanderweg ist in vier Abschnitte gegliedert, die einzeln als Rundwege gestaltet sind. An 37 Stationen werden erdgeschichtliche, biologische, industriegeschichtliche und historische Themen behandelt.

Broschüre, Exkursionsführer

Xanten

Regionalmuseum
Kurfürstenstraße 7 – 9
46509 Xanten
☎ (0 28 01) 71 94-0

Gezeigt werden u. a. Fundstücke, die bei Baggerarbeiten in rheinnahen Auskiesungen geborgen wurden. Hierzu zählen Knochenreste und Schädelfragmente von Mammut, Moschusochse, Wisent, Reh, Hirsch oder Pferd aus dem Pleistozän. Die Landschaft und Lebenssituation im Niederrheingebiet vor 250 000 Jahren während des Vorrückens saalezeitlicher Gletscher (Pleistozän) wird in einem Diorama dargestellt. Aus Kiesgruben stammen auch viele der ausgestellten römischen Metallgefäße, Waffen und Gerätschaften. Keramiken und römische Ziegel stellen den Bezug her zum römerzeitlichen Tonabbau in den ortsnahen Rheinauen. Als Rohstoff für das mittelalterliche Töpferhandwerk wurden neben den Auenlehmen auch Tone in den eiszeitlichen Stauchmoränen gewonnen.

Zevenaar (NL)

Liemers Museum
Stationsplein 4
NL-6901 BE Zevenaar
☎ (00 31-3 16) 33 36 15

In diesem Regionalmuseum befaßt sich ein Ausstellungsteil mit der Geschichte des Tonabbaus — abgebaut wurden vor allem Auensedimente (Holozän) des niederländischen Rheins (Wal) — und der Ziegelherstellung vom Handstrichverfahren zur modernen maschinellen Produktion.

Literatur

BINDER, H.; LUZ, A.; LUZ, H. M. (1993): Schauhöhlen in Deutschland. — 128 S., 93 Abb.; Ulm (Aegis).

Geo-Führer. Geologie, Mineralogie, Paläontologie in rheinischen Museen (1991). — Schr. rhein. Mus.-Amt, **52:** 79 S., zahlr. Abb.; Köln (Landschaftsverb. Rheinld.; Rheinld.-Verl.).

GRÜTTER, H. T. (1989): Museumshandbuch Ruhrgebiet. Die historischen Museen. — 223 S., zahlr. Abb.; Essen (Pomp).

KEMPE, S. [Hrsg.] (1982): Welt voller Geheimnisse. Höhlen. — HB Bildatlas, Sonderausg., **17:** 114 S., zahlr. Abb.; Hamburg (HB Verlags- u. Vertriebs-Ges.).

Museen in der Grenzregio Rhein-Maas-Nord. Musea in de Grensregio Rhijn-Maas-Noord (1982). — 112 S., zahlr. Abb.; Köln (Grenzregio Rhein-Maas-Nord; Rheinld.-Verl.).

Museen in Hessen, 4. Aufl. (1994). — 419 S., zahlr. Abb.; Kassel (Hess. Mus.-Verb.).

Museen im Rheinland (1992). — Schr. rhein. Mus.-Amt, **53:** 220 S., zahlr. Abb.; Köln (Landschaftsverb. Rheinld.; Rheinld.-Verl.).

Museen und Sammlungen in Rheinland-Pfalz (1994). — 52 S., 1 Abb.; Koblenz (Mus.-Verb. Rheinld.-Pfalz; Selbstverl.).

Museumsführer Niedersachsen und Bremen, 6. Aufl. (1995). — Zahlr. S. u. Abb.; Bremen (Mus.-Verb. Niedersachs. u. Bremen und Niedersächs. Sparkassenstift.; Hauschild).

RODEKAMP, C.; RODEKAMP, V. [Hrsg.] (1994): Ostwestfalen-Lippe: Die Museen. Ein Führer durch eine lebendige Kulturlandschaft. — 158 S., zahlr. Abb.; Warburg (Hermes).

WILD, H. W. (1992): Führer durch die Besucherbergwerke in Deutschland, Österreich und der Schweiz. — 207 S., zahlr. Abb.; Haltern (Bode).

Geologische Karten von Nordrhein-Westfalen

Zusätzliche Hintergrundinformationen zu geowissenschaftlichen Objekten bietet die Geologische Karte von Nordrhein-Westfalen 1 : 100 000. Sie liegt mit insgesamt 20 Blättern flächendeckend für das gesamte Landesgebiet vor. Auch Teile der angrenzenden Bundesländer und der Nachbarstaaten Niederlande und Belgien werden von diesem Kartenwerk abgedeckt (s. Abb. unten). Die jeweiligen Kartenblätter geben einen guten Überblick über die nach Zusammensetzung und Alter unterscheidbaren Gesteinsfolgen und ihre Verbreitung. Geologische Schnitte informieren über die Lagerungsverhältnisse und Mächtigkeiten in der Tiefe. Zu jedem Kartenblatt gehört ein Erläuterungsheft, das allgemeinverständlich die erdgeschichtliche Entwicklung sowie Rohstoff- und Grundwasservorkommen und auch die Baugrundverhältnisse im Blattgebiet behandelt. Einen breiten Raum nehmen dabei die Beschreibungen besuchenswerter geowissenschaftlicher Sehenswürdigkeiten und geologischer Besonderheiten ein. Sie geben Tips und Anregungen für weitere geowissenschaftliche Exkursionen auf eigene Faust.

Die Geologische Karte von Nordrhein-Westfalen 1 : 25 000, die mit ihren zahlreichen Einzelblättern große Teile des Landesgebiets abdeckt, wendet sich vorrangig an den Praktiker — z. B. den Ingenieurgeologen, den Wasserwirtschaftler, den Planer, den Umweltschützer, den Land- und Forstwirt. Sie ist aber auch eine wichtige Grundlage für die geowissenschaftliche Forschung, für Lehre, Unterricht, Natur- und Heimatkunde.

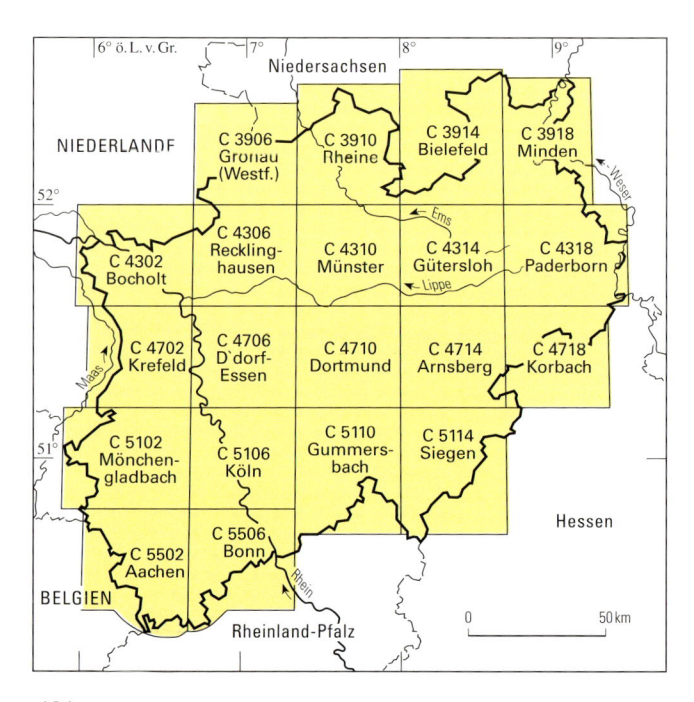

Geologische Wanderkarten

Nordrhein-Westfalen ist nicht nur dichtbesiedelte Industrieregion, sondern auch ein Tourismusland, das zur Hälfte von Feldern und Wiesen bedeckt und zu einem Viertel bewaldet ist. Es gliedert sich in sehr unterschiedliche Landschaftsräume, die der interessierte Naturfreund auf Ausflügen, bei Kurzurlauben oder auch längeren Ferien kennenlernen kann. Um auf diesen Entdeckungsreisen auch die erdgeschichtliche Entwicklung der Landschaften, die versteinerten Umwelten längst vergangener Jahrmillionen sowie die Zusammenhänge zwischen Rohstoffvorkommen, Bergbau und Weiterverarbeitung durch die dort lebenden Menschen zu verstehen, haben das Geologische Landesamt NRW und andere Institutionen Wanderkarten erarbeitet, die auf die Bedürfnisse der Naturfreunde und Wanderer zugeschnitten sind.

Die geologischen Wanderkarten stellen farbig die unterschiedlichen Gesteine, ihr Alter und ihre Lagerung dar; sie geben Hinweise auf ihre Entstehung während der Jahrmillionen und auf die Beziehungen zur Landschafts- und Kulturgeschichte. Geologische Schnitte veranschaulichen die Lagerungsverhältnisse und Mächtigkeiten der Gesteinsschichten. Die Karten zeigen aber auch Wanderwege und Freizeiteinrichtungen und führen zu zahlreichen erdgeschichtlichen Besonderheiten. Auf den Rückseiten der Karten sind häufig besuchenswerte geologische Sehenswürdigkeiten beschrieben wie Klippen, Steinbrüche, Quellen sowie Stätten historischen Bergbaus.

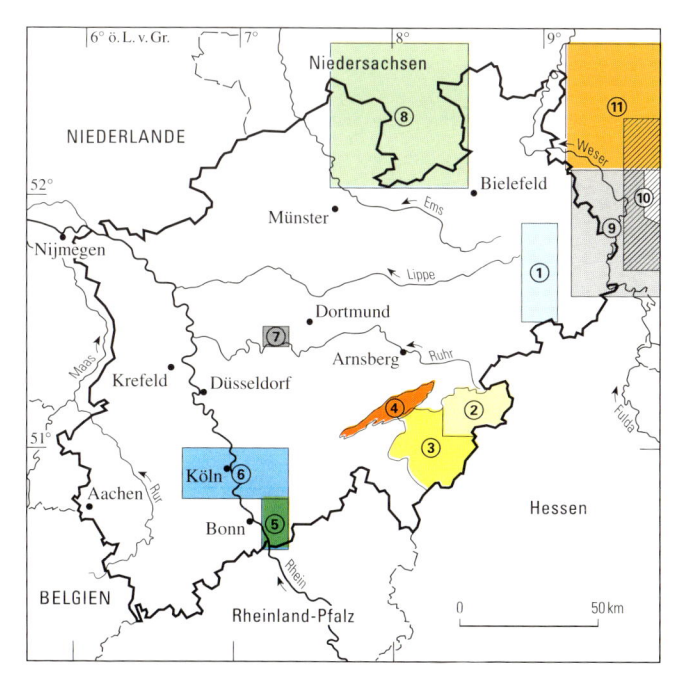

(1) Geologische Wanderkarte des Naturparks Eggegebirge und südlicher Teutoburger Wald <1 : 50 000> (1988). — Hrsg. Geol. L.-Amt Nordrh.-Westf.: 1 Kt.; Krefeld.

(2) Geologische Wanderkarte des Naturparks Rothaargebirge (Nordteil) <1 : 50 000> (1992). — Hrsg. Geol. L.-Amt Nordrh.-Westf.: 1 Kt.; Krefeld.

(3) Geologische Wanderkarte des Naturparks Rothaargebirge (Südteil) <1 : 50 000> (1994). — Hrsg. Geol. L.-Amt Nordrh.-Westf.: 1 Kt.; Krefeld.

(4) Geologische Karte der Attendorn-Elsper Doppelmulde <1 : 50 000> (1982). — Hrsg. Geol. L.- Amt Nordrh.-Westf.: 1 Kt.; Krefeld.

(5) Geologische Karte des Siebengebirges und des Pleiser Ländchens <1 : 50 000> (1980). — Hrsg. Geol. L.-Amt Nordrh.-Westf.: 1 Kt.; Krefeld.

(6) Hochschulexkursionskarte Köln und Umgebung <1 : 50 000>, mit Erl. (1994). — Hrsg. Geograph. Inst. Univ. Köln: 1 Kt.; Köln. — [Kartenbeil. zu Kölner geograph. Arb., **63,** Sonderausg. zur Geotechnica '95]

(7) Geologische Wanderkarte Kemnader See, Bochum <1 : 10 000>. — Hrsg. Inst. Geol. Ruhr-Univ. Bochum: 1 Kt.; Bochum. — [Erscheinungsjahr nicht zu ermitteln]

(8) Geologische Wanderkarte <1 : 100 000>, Landkreis Osnabrück (1984). — Hrsg. Landkr. Osnabrück u. Niedersächs. L.-Amt Bodenforsch.: 1 Kt.; Hannover.

(9) Geologische Wanderkarte <1 : 100 000>, Mittleres Weserbergland mit Naturpark Solling-Vogler, mit Erl. (1990). — Hrsg. Zweckverb. Naturpark Solling-Vogler u. Niedersächs. L.-Amt Bodenforsch.: 1 Kt., Erl. 58 S., 32 Abb., 2 Tab.; Hannover. — [Erl. Beih. Ber. naturhist. Ges. Hannover, **10**]

(10) Geologische Wanderkarte <1 : 100 000>, Leinebergland (1979). — Hrsg. Verkehrsver. Leinebergland u. Niedersächs. L.-Amt Bodenforsch.: 1 Kt.; Hannover.

(11) Geologische Wanderkarte <1 : 100 000>, Landkreis Hannover, 2. Aufl. (1979). — Hrsg. Naturhist. Ges. Hannover, Landkr. Hannover u. Niedersächs. L.-Amt Bodenforsch.: 1 Kt.; Hannover.

Erklärung einiger Fachwörter

Ammoniten, ausgestorbene Kopffüßer mit spiralig aufgerolltem Gehäuse, Ordovizium bis Kreide

Artefakt, vom Menschen bearbeiteter Gegenstand aus vorgeschichtlicher Zeit

Aufschluß (geologischer), Stelle, an der *Gestein* unverhüllt zutage tritt; Aufschlüsse können durch die Kräfte der Natur (z. B. Felsen) oder künstlich durch den Menschen geschaffen werden (z. B. Steinbrüche)

Belemniten („Donnerkeile"), ausgestorbene Kopffüßer mit ins Innere der Weichteile verlagerter Schale; erhalten ist meist nur ein kegelförmiger Teil der Schale, das Rostrum, Jura bis Kreide

Boden, belebtes Umwandlungsprodukt der Verwitterungsrinde der Erdkruste, setzt sich aus anorganischen Bestandteilen (Material des Ausgangsgesteins, neugebildete Kolloide und Salze, Wasser) und aus organischen Bestandteilen zusammen

Bodenkunde, Teilgebiet der Geowissenschaften, befaßt sich mit der Untersuchung und Deutung des Zustands, der Entstehung, der Veränderung und Verbesserung sowie dem Schutz des *Bodens*

Bohrkern, Gesteinszylinder, der durch drehendes Ausbohren eines Ringraumes in das Bohrgestänge hineinwächst und gewonnen wird; am Bohrkern können die durchbohrten Gesteinsschichten untersucht werden

Brachiopoden, Armfüßer, bilateralsymmetrische Meerestiere mit zweiklappigem Gehäuse, äußerlich oft muschelähnlich, Kambrium bis Gegenwart

Branntkalk (Ätzkalk), aus Kalkstein oder anderen Formen des Calciumcarbonats durch Erhitzen auf über 900 °C zu Calciumoxid umgewandelt; Verwendung z. B. als Düngemittel und zur Zementherstellung

Cephalopoden (Kopffüßer), höchstentwickelte Weichtiere, zu deren Klasse die ausgestorbenen *Ammoniten* oder *Belemniten* sowie der noch heute vorkommende Nautilus und die Tintenfische gehören, Kambrium bis Gegenwart

Diorama, plastisch wirkendes Schaubild, bei dem die Gegenstände vor einem gemalten oder fotografierten Rundhorizont aufgestellt sind

Erz, *Mineral*gemenge oder *Gesteine,* aus denen sich Metalle oder Metallverbindungen wirtschaftlich gewinnen lassen

Eiszeit (Kaltzeit), längerer Abschnitt der Erdgeschichte (bis zu 100 000 Jahre), in dem es infolge absinkender Temperaturen in den Polarregionen zur Bildung zusätzlicher Schnee- und Eismassen kam, die sich in Form von Gletschern oder *Inlandeis* in sonst eisfreie Regionen ausdehnten

Falte *(geologisch)*, Auf- und Abbiegung von geschichtetem Gestein; eine Falte setzt sich aus einem *Sattel* und einer *Mulde* zusammen; Falten können durch gebirgsbildende Prozesse entstehen

Feuerstein, dichtes, muschelig und scharfkantig brechendes *Gestein* aus nichtkristallinem Quarz; findet sich häufig als Knollen oder Lagen in Kalksteinen der Kreide

Findling, großer ortsfremder Gesteinsblock, der durch das *Inlandeis* von seinem Ursprungsort zu seinem Fundort transportiert worden ist

Flöz, wirtschaftlich nutzbare Gesteinsschicht, durch Sedimentation entstanden (z. B. Kohlenflöz)

Fossilien, Versteinerungen, Reste vorzeitlicher Tiere oder Pflanzen

Gang, mit *Erzen* oder anderen nutzbaren Mineralen ausgefüllte, meist steil stehende *Kluft,* die das umgebende *Gestein* unter beliebigen Winkeln durchsetzt

Gangvererzung, Spaltenfüllung in *Gesteinen* durch *Erzminerale* und Gangmittel (Erzbegleiter)

Geologie, Lehre vom Aufbau des Erdkörpers sowie von den Kräften und Vorgängen, die verändernd auf die Gestalt der Erde wirken, ebenso die Lehre von der geschichtlichen Entwicklung der Erde und des Lebens auf der Erde

Geschiebe, von Gletschern oder *Inlandeis* transportierte, unsortierte Steine und Blöcke *(Findling),* die in *Moränen* abgelagert wurden; nach der Gesteinsart unterscheidet man kristalline (z. B. Granit, Gneis) und sedimentäre Geschiebe (z. B. Sandstein, Kalkstein), nach dem Herkunftsort nordische (aus Skandinavien und dem Ostseeraum) und einheimische Geschiebe; eine Besonderheit sind Geschiebefossilien, d. h. in sedimentären Geschieben eingeschlossene Fossilien

Gesteine, natürliche Bildungen der Erdkruste, die aus *Mineralen,* Bruchstücken älterer Gesteine oder Organismenresten bestehen. Je nach Entstehungsart unterscheidet man magmatische, metamorphe und sedimentäre Gesteine; die sedimentären Gesteine werden als Lockermassen abgesetzt (z. B. Sand) und durch hohen Druck und/oder hohe Temperaturen — erzeugt durch überlagernde Gesteinsmassen — zu Festgesteinen (z. B. Sandstein) umgewandelt

Grube, der untertägige Bereich eines Bergwerks; meist den Begriffen Zeche und Bergwerk gleichgesetzt; im Tagebau bezeichnet Grube den Abbaubetrieb

Grubenbau, planmäßig hergestellter bergmännischer Hohlraum unter Tage

Grundmoräne, meist ungeschichteter und unsortierter, von Ton über Sand bis zu Steinen und Blöcken reichender Gesteinsschutt, der sich an der Basis von Gletschern oder *Inlandeis* ablagert

Hydrogeologie, Teilgebiet der angewandten Geowissenschaften, befaßt sich mit dem unterirdischen Wasser, seinem Verhalten, seinen Eigenschaften, seiner Erschließung und seinem Schutz

Inlandeis (Binneneis), geschlossene, bis zu mehrere tausend Meter mächtige Eisdecke auf dem Festland polarer Gebiete, die in *Eiszeiten* auch in niedere Breiten ausfließen kann

Kaltzeit s. *Eiszeit*

Karst, bildet sich durch Anlösung und Auswaschung chemisch angreifbarer *Gesteine* wie Kalkstein, Gips oder Anhydrit; mit der chemischen Lösung und Auswaschung des Gesteins durch Niederschlags- und Grundwasser entstehen unterirdische Hohlräume (Karstschlotten, Karsthöhlen); das Niederschlagswasser und das in Schlucklöchern (Schwinden) versinkende Oberflächenwasser sammelt sich in unterirdischen Wasserläufen (Karstgrundwasser), die in Karstquellen wieder zutage kommen

Kluft, eine das *Gestein* und dessen *Schichtung* durchziehende, mehr oder weniger geöffnete Fuge

Kristall, homogener Naturkörper *(Mineral),* der ganz oder teilweise von ebenen Flächen, Kanten und Ecken begrenzt ist

Lagerstätte, natürliche Anreicherung nutzbarer *Minerale, Gesteine,* Erdöl oder -gas, die nach Größe und Inhalt für eine wirtschaftliche Gewinnung in Betracht kommt

Leitfossil, Versteinerung, die für einen bestimmten geologischen Zeitabschnitt kennzeichnend ist

Mächtigkeit, bergmännischer Ausdruck für die Dicke von Gesteinsschichten

Magmatit, aus Magma (Gesteinsschmelze im Erdinnern) durch Erstarrung entstandenes *Gestein* wie Granit, Basalt oder Porphyr

Massenkalk, ungeschichteter und ungebankter massiger, vorwiegend aus Riffen entstandener Kalkstein, auch als stratigraphische Bezeichnung für die mittel- bis oberdevonischen Riffkalksteine Nordrhein-Westfalens gebräuchlich; häufig reich an Höhlen

Metamorphit, bei höheren Temperatur- und Druckbedingungen aus älteren *Gesteinen* durch Umwandlung („Metamorphose") hervorgegangenes Gestein wie Gneis, Amphibolit oder Quarzit

Mineral, strukturell, chemisch und physikalisch einheitlicher Naturkörper, Bestandteil der festen Erdkruste, der sich häufig durch eine gesetzmäßig gebildete Form (*Kristall*form) auszeichnet

Mineralogie, Wissenschaft von der Struktur und Zusammensetzung der *Kristalle,* der *Mineralien* und *Gesteine,* ihren Vorkommen und ihren *Lagerstätten*

Mineralwasser, Grundwasser mit mindestens 1 000 mg gelöster Stoffe in 1 l Wasser

Moräne, meist unsortierter Gesteinsschutt, der von Gletschern oder *Inlandeis* abgelagert wurde

Mulde (geologisch), eine nach unten (konkav) gekrümmte Gesteinsfolge

Paläontologie, Lehre von der urzeitlichen Tier- (Paläozoologie) und Pflanzenwelt (Paläobotanik); Studienobjekte sind die *Fossilien;* ihre Forschungen sind eine Grundlage für die *Stratigraphie*

Petrographie, Teilgebiet der Geowissenschaften, befaßt sich mit der Beschreibung der *Gesteine*

Pinge, trichter- oder schüsselförmige Vertiefung im Gelände, die durch bergmännische Schurfarbeit über Tage oder durch Nachbruch eines in geringer Tiefe umgegangenen Bergbaus entstanden ist

Plattenkalk, dichter plattiger Kalkstein, der im Unterkarbon weit verbreitet ist

Raseneisenerz (Sumpferz, Wiesenerz), Eisenerz, verfestigte Anreicherung von Eisenhydroxiden, die im Grundwasserschwankungsbereich in huminsaurem oder CO_2-reichem Wasser unter Zutritt von Sauerstoff, zum Teil unter Mitwirkung von Bakterien, ausgefällt werden

Rohstoff, ein unbearbeitetes Ausgangsmaterial mineralischer, pflanzlicher oder tierischer Herkunft, das der gewerblichen Be- und Verarbeitung dient

Saline, Anlage zur Gewinnung von Kochsalz aus hochkonzentrierten wässrigen Salzlösungen *(Sole);* das Salz wird durch Verdunstung des Wassers in der Restlösung angereichert

Sattel (geologisch), eine nach oben (konvex) gekrümmte Gesteinsfolge

Schacht, *Grubenbau,* mit dem eine Lagerstätte von der Tagesoberfläche aus erschlossen wird; man unterscheidet Förder-, Wetter-, Seilfahrt- und Materialschächte

Schicht (Gesteinsschicht), durch Ablagerung entstandener Gesteinskörper von erheblicher flächenhafter Ausdehnung; die obere und untere Begrenzung einer Schicht bezeichnet man als Schichtfläche

Schichtung, schichtige Absonderung von *Gesteinen,* z. B. bedingt durch den Wechsel des Gesteinsmaterials, Veränderungen in der Korngröße oder Änderungen im Ausfällungstyp; Schichtung ist eine charakteristische Erscheinung bei Sedimentgesteinen

Sediment, Sedimentgestein, durch Vorgänge der *Sedimentation* und des biologischen Wachstums gebildetes *Gestein*

Sedimentation, Ablagerung oder Abscheidung von *Sedimenten* (Verwitterungsprodukte von Gesteinen, die durch Wasser, Wind oder Eis transportiert wurden), auch Reste von Lebewesen und chemische Ausfällungen

Seelilien (Crinoiden), pflanzenähnliche Meerestiere aus der Klasse der Stachelhäuter (verwandt z. B. mit den Seeigeln); der meist am Meeresboden verankerte Stil trägt einen fünfstrahligen Kelch, Kambrium bis Gegenwart

Sinter, Sinterkalk, mineralische Ausscheidung aus Wässern, z. B. an Quellaustritten oder in Höhlen (Tropfwasser), die sich durch das Entweichen von CO_2, Änderungen von Druck und Temperatur oder das Mitwirken von Pflanzen oder Bakterien bildet

Sole, natürliches oder künstlich hergestelltes Wasser mit mindestens 14 g gelöster Stoffe (meist NaCl) in 1 l Wasser

Spurenfossilien, fossile Lebensspuren, z. B. Fraß- oder Kriechspuren, im Gegensatz zu körperlich erhaltenen Tier- und Pflanzenresten

Stauchmoräne, vor der Stirn des vorrückenden *Inlandeises* aufgepreßte und gestauchte Lockergesteine

Steinsalz, Mineral- und Gesteinsbezeichnung (Natriumchlorid, NaCl)

Stollen, *Grubenbau,* der im hügeligen Gelände von der Tagesoberfläche aus in die Lagerstätte führt

Stollenmundloch, Eingangsöffnung eines *Stollens* an der Tagesoberfläche

Stratigraphie, Teilgebiet der Geologie, befaßt sich mit der Untersuchung und Beschreibung der *Gesteine,* ihrer anorganischen und organischen Merkmale und Inhalte zur Festlegung der zeitlichen Aufeinanderfolge der Gesteinsschichten

Strecke (bergmännisch), *Grubenbau* von regelmäßigem Querschnitt, waagerecht oder nur mit geringer Neigung verlaufend; dient z. B. der Befahrung oder dem Materialtransport

Stromatoporen, ausgestorbene koloniebildende Meerestiere des Erdaltertums, die — ähnlich wie Korallen — ein kalkiges Skelett absonderten und damit Riffe bilden konnten, Kambrium bis Kreide (hauptssächlich Silur bis Devon)

Tentakuliten, spitzkegelige, meist wenige Millimeter lange Gehäuse von Mikrofossilien, Ordovizium bis Oberdevon

Trilobiten (Dreilappkrebse), ausgestorbene, krebsähnliche Gliederfüßer, Kambrium bis Perm

Thermalwasser, natürliches Grundwasser aus einer Quelle oder Bohrung mit Temperaturen zwischen 20 und 50 °C

Warmzeit, längerer Zeitabschnitt zwischen zwei Kaltzeiten *(Eiszeiten)* mit wärmerem, dem heutigen ähnlichem Klima

Verwerfung, Verstellung zweier Gesteinsschollen an einer Bruchfläche

Typologisches Verzeichnis

Geowissenschaftliche oder bergbauhistorische
Spezialmuseen oder Museen
mit geowissenschaftlicher oder bergbauhistorischer
Abteilung von überregionaler Bedeutung

Ⓜ

Bergheim (Erft)	• Rheinbraun-Informationszentrum Schloß Paffendorf
Bielefeld	• Naturkunde-Museum im Spiegelshof
Bochum	• Deutsches Bergbau-Museum
Bonn	• Goldfußmuseum • Mineralogisch-Petrologisches Institut und Museum der Universität Bonn
Bottrop	• Museum für Ur- und Ortsgeschichte
Bünde	• Kreisheimatmuseum Bünde
Denekamp (NL)	• Naturmuseum „Natura Docet"
Detmold	• Lippisches Landesmuseum
Dortmund	• Museum für Naturkunde
Düsseldorf	• Löbbecke-Museum und Aquazoo
Essen	• Ruhrlandmuseum • Mineralien-Museum
Kamp-Lintfort	• Geologisches Museum Kamp-Lintfort
Kassel	• Naturkundemuseum
Kleve	• Geologisches Museum Kleve
Köln	• Museum des Geologischen Instituts der Universität Köln • Mineralogisches Museum der Universität im Institut für Mineralogie und Geochemie
Maastricht (NL)	• Naturhistorisches Museum
Marburg	• Mineralogisches Museum
Mettmann	• Neanderthal Museum
Münster (Westf.)	• Westfälisches Museum für Naturkunde, Planetarium • Geologisch-Paläontologisches Museum der Westfälischen Wilhelms-Universität • Mineralogisches Museum der Westfälischen Wilhelms-Universität
Neuwied	• Museum für die Archäologie des Eiszeitalters
Osnabrück	• Museum am Schölerberg
Wageningen (NL)	• International Soil Reference and Information Centre (ISRIC)
Wuppertal	• Fuhlrott-Museum

Museen mit kleinerer geowissenschaftlicher oder bergbauhistorischer Abteilung oder Sammlung

Aachen	• Museum Burg Frankenberg
Ahlen	• Heimatmuseum • Landschaftsmuseum
Alsdorf	• Bergbaumuseum Wurmrevier
Altena	• Museum der Grafschaft Mark auf Burg Altena
Altenbeken	• Eggemuseum
Anröchte	• Heimatstube Anröchte
Arnsberg	• Sauerland-Museum
Asten (NL)	• Naturhistorisches Museum „De Peel"
Attendorn	• Kreisheimatmuseum
Bad Bentheim	• Schloßmuseum
Bad Berleburg	• Schaubergwerk Raumland
Bad Laer	• Heimatmuseum
Bad Münder	• Heimatmuseum
Bad Münstereifel	• Hürten-Heimatmuseum
Bad Oeynhausen	• Heimatstube im Bürgerhaus Harrenhof
Bad Pyrmont	• Museum im Schloß
Bad Rothenfelde	• Dr.-Alfred-Bauer-Heimatmuseum
Bad Salzuflen	• Deutsches Bädermuseum
Bad Wildungen	• Kurmuseum • Museum „Altes Bergamt"
Balve	• Museum für Vor- und Frühgeschichte
Barsinghausen	• Museum Barsinghausen
Beckum	• Stadtmuseum Beckum
Bendorf	• Stadtmuseum • Sayner Hütte
Bergisch Gladbach	• Städtische Fossiliensammlung im Bürgerhaus „Bergischer Löwe" • Bergisches Museum für Bergbau, Handwerk und Gewerbe
Bergkamen	• Stadtmuseum
Bergneustadt	• Heimatmuseum
Bestwig	• Erzbergwerk Ramsbeck
Biedenkopf	• Hinterlandmuseum Schloß Biedenkopf
Blankenheim	• Kreismuseum Blankenheim
Bocholt	• Stadtmuseum
Bochum	• Tierpark und Fossilium • Zeche Hannover

Bonn	• Zoologisches Forschungsinstitut und Museum Alexander Koenig
Borken (Hess.)	• Nordhessisches Braunkohle-Bergbaumuseum
Borken (Westf.)	• Stadtmuseum
Breitscheid (Hess.)	• Ausstellung zur Erd- und Vorgeschichte
Brilon	• Stadtmuseum
Brüggen	• Jagd- und Naturkundemuseum
Bückeburg	• Landesmuseum für schaumburg-lippische Geschichte, Landes- und Volkskunde
Büren	• Kreismuseum Wewelsburg
Burgsteinfurt	• Geschiebemuseum Schäfer
Castrop-Rauxel	• Heimatkundliche Sammlung
Coesfeld	• Stadtmuseum im Walkenbrückentor
Daaden	• Heimatmuseum des Daadener Landes
Damme	• Stadtmuseum
Datteln	• Hermann-Grochtmann-Museum
Daun	• Eifel-Vulkanmuseum und Geo-Zentrum Vulkaneifel
Delden (NL)	• Salzmuseum
Diemelsee	• Besucherbergwerk „Grube Christiane" und Museum
Dillenburg	• Wirtschaftsgeschichtliches Museum „Villa Grün"
Doesburg (NL)	• Regionalmuseum De Roode Toren
Dormagen	• Haus Tannenbusch, Wildpark, Geopark
Dornburg	• Dorfmuseum Wilsenroth
Dorsten	• Heimatmuseum
Dortmund	• Zeche Zollern II/IV
Duisburg	• Naturwissenschaftliches Museum Duisburg • Haus der Naturfreunde Duisburg
Düsseldorf	• Landesmuseum Volk und Wirtschaft • Naturkundliches Heimatmuseum Benrath
Echt (NL)	• Gemeentemuseum
Enschede (NL)	• Natuurmuseum
Essen	• gaseum
Eupen (B)	• Waldmuseum
Fröndenberg	• Heimatstube
Gebhardshain	• Besucherbergwerk Grube Bindweide
Geilenkirchen	• Kreisheimatmuseum
Georgsmarienhütte	• Museum Villa Stahmer
Gerolstein	• Naturkunde-Museum
Geseke	• Hellweg-Museum
Gladbeck	• Museum der Stadt Gladbeck
Glees/Maria Laach	• Naturkundemuseum St. Winfrid und Steinlehrpfad

Grevenbroich	• Museum im Stadtpark
Gronau (Westf.)	• Driland-Museum
Halger	• Heimatstube Langenaubach
Halle (Westf.)	• Geologische Sammlung des Heimatvereins Halle
Havixbeck	• Baumberger Sandstein-Museum
's-Heerenberg (NL)	• Huis Bergh
Heerlen (NL)	• Museum van het Geologisch Bureau
Hemer	• Felsenmeer-Museum
Herdorf	• Bergbaumuseum des Kreises Altenkirchen
Herne	• Emschertalmuseum, Schloß Strünkede
	• Emschertalmuseum, Heimat- und Naturkundemuseum
Hilchenbach	• Heimatstube Müsen
	• Bergbaumuseum Müsen und Stahlberger Erbstollen
	• Altenbergraum
Hillesheim	• Geologisch-Mineralogische Sammlung
Hoenderloo (NL)	• Museonder, Nationalpark „De Hoge Veluwe"
Hofgeismar	• Forst- und Jagdmuseum im Tierpark Sababurg
Holzminden	• Stadtmuseum
Ibbenbüren	• Werksmuseum
Iserlohn	• Stadtmuseum Iserlohn
	• Höhlenkundemuseum und Dechenhöhle
Issum	• Bürgerbegegnungsstätte
Jünkerath	• Eisenmuseum
Kelmis (B) (La Calamine)	• Göhltalmuseum
Kempen	• Städtisches Kramermuseum
Kerkrade (NL)	• Industrion
Kevelaer	• Niederrheinisches Museum für Volkskunde und Kulturgeschichte
Köln	• Haus des Waldes
Königswinter	• Siebengebirgsmuseum
Korbach	• Städtisches Museum
Krefeld	• Geologisches Landesamt NRW
Ladbergen	• Heimatmuseum Lönsheide
Lage	• Westfälisches Industriemuseum
	• Orts- und Zieglermuseum
Lennestadt	• Mineralogische Sammlung der Grube Sachtleben
Lippstadt	• Städtisches Heimatmuseum
Löhne	• Heimatmuseum Löhne
Losser (NL)	• Geologische Sammlung im Rathaus

Lüdenscheid	• Bremecker Hammer
Lünen	• Museum der Stadt
Marl	• Stadt- und Heimatmuseum
Marsberg	• Besucherbergwerk Kilianstollen
	• Heimatmuseum Marsberg
Mayen	• Eifeler Landschaftsmuseum
Mechernich	• Besucherbergwerk Mechernicher Bleiberg „Grube Günnersdorf" und Bergbaumuseum
Meerssen (NL)	• Natur- und Heimatmuseum
Menden	• Städtisches Museum
Mendig	• Deutsches Vulkanmuseum
Minden	• Mindener Museum für Geschichte, Landes- und Volkskunde
Mittenaar	• Heimatstube Offenbach
Mönchengladbach	• Informationszentrum Trinkwasser und Wasserlehrpfad
	• Wasserturmmuseum
Mülheim a. d. Ruhr	• Haus Ruhrnatur
	• Aquarius Wassermuseum
	• Heimatmuseum Tersteegenhaus
Nettersheim	• Informationshaus „Alte Schmiede" und Werkhäuser an der Eifeler Meeresstraße
	• Naturschutzzentrum Eifel
Neunkirchen	• Museum des Freien Grundes
Nijmegen (NL)	• Natuurmuseum Nijmegen
Nordwalde	• Heimatmuseum
Nümbrecht	• Museum des Oberbergischen Kreises
Oberhausen	• Rheinisches Industriemuseum Oberhausen
	• St.-Antony-Hütte
Obernkirchen	• Berg- und Stadtmuseum
Olsberg	• Informations-Center Boden- und Kulturdenkmal Bruchhauser Steine
Osnabrück	• Museum Industriekultur
Ospel (NL)	• Besucherzentrum „Mijl op Zeven"
Paderborn	• Naturkundemuseum im Marstall
Porta Westfalica	• Museum für Bergbau und Erdgeschichte, Bergbau-Schaupfad und Besucherbergwerk
Preuß. Oldendorf	• Fossilienausstellung im Haus der Begegnung
Prüm	• Naturkundepavillon
	• Informationsstätte „Mensch und Natur"
Ratingen	• Stadtmuseum
Recke	• Heimat- und Korbmuseum
Recklinghausen	• Vestisches Museum

Rinteln	• Heimatmuseum
Ronnenberg	• Bergbaudokumentation Hansa Empelde
Salzhemmendorf	• Besucherbergwerk „Huttenstollen"
Schmallenberg	• Schieferbergbau- und Heimatmuseum
Schwerte	• Ruhrtalmuseum
Siegbach	• Heimatmuseum Siegbach
Siegburg	• Stadtmuseum Siegburg
Siegen	• Siegerlandmuseum • Heimatstube in der ehemaligen Kapellenschule
Springe	• Museum auf dem Burghof
Stadtoldendorf	• Stadtmuseum „Charlotte-Leitzen-Haus"
Steinfurt	• Geschiebemuseum Schäfer
Stolberg	• Heimat- und Handwerksmuseum Stolberg
Swalmen (NL)	• Folkloristisches Museum Asselt
Tecklenburg	• Kreismuseum
Ulft (NL)	• Museum Oer
Unna	• Hellweg-Museum
Uslar	• Kali-Bergbaumuseum Volpriehausen
Velen	• Museum Burg Ramsdorf
Velp (NL)	• Gelders Geologisch Museum
Viersen	• Süchtelner Heimatmuseum Viersen
Vreden	• Moormuseum Westliches Münsterland • Hamaland-Museum
Waldbrunn	• Kulturgeschichtliches Heimatmuseum
Waldeck	• Burgmuseum Waldeck
Waltrop	• Heimatmuseum
Warstein	• Städtisches Museum Haus Kupferhammer
Weibern	• Tuffsteinmuseum „Steinmetzbahnhof"
Weilburg	• Bergbau- und Stadtmuseum • Kubacher Kristallhöhle
Weissenthurm	• Eulenthurm-Museum
Werl	• Städtisches Museum Haus Rykenberg
Werne	• Karl-Pollender-Stadtmuseum
Westerburg	• Fossiliensammlung
Wilnsdorf	• Heimatstube Rinsdorf
Winterberg	• Informationszentrum Kahler Asten
Winterswijk (NL)	• Museum Freriks
Witten	• Heimatmuseum • Museum Bethaus im Muttental
Wülfrath	• Niederbergisches Museum Wülfrath
Xanten	• Regionalmuseum
Zevenaar (NL)	• Liemers Museum

Lehr- oder Wanderpfade, Lehrgärten, Freilichtmuseen

Aachen	• Der Kalkofenweg
Alsdorf	• Bergbau-Lehrpfad
Arolsen	• Wasserkunst von 1535
Bad Bentheim	• Geologisches Freilichtmuseum Gildehaus
Bad Essen	• Freilichtmuseum „Saurierspuren"
Bad Marienberg	• Basaltpark Bad Marienberg
Bad Münstereifel	• Römische Kalkbrennerei Iversheim
Balve	• Kalköfen Horst, Horster Straße, Kalkofen Hönnetalstraße
Bendorf	• Sayner Hütte
Bergheim (Erft)	• Rheinbraun-Informationszentrum Schloß Paffendorf
Bergisch Gladbach	• Geopfad
Blankenheim	• Geologischer Lehr- und Wanderpfad
Bochum	• Bergbauwanderweg 1
	• Bergbauwanderweg 2
	• Geologischer Garten
	• Industrielehrpfad
	• Wanderweg durch den historischen Bergbau in Dahlhausen
	• Wattenscheider Bergbauwanderweg
	• Zeche Hannover
Bonn	• Geologischer Lehr- und Wanderpfad
Büren	• Geologischer Radrundweg Paderborner Land
Dillenburg	• Bergbauwanderwege im Schelderwald
Dormagen	• Haus Tannenbusch, Wildpark, Geopark
Dortmund	• Geologischer Lehrgarten im Westfalenpark
	• Syburger Bergbauweg
	• Museum für Naturkunde
	• Zeche Zollern II/IV
Engelskirchen	• Wanderweg entlang der Leppe zum Oelchenshammer
Essen	• Museumslandschaft Deilbachtal
	• Geologischer Wanderweg am Baldeneysee im Ruhrtal
Eupen (B)	• Waldmuseum
Gerolstein	• Geo-Park
Glees/Maria Laach	• Naturkundemuseum St. Winfrid und Steinlehrpfad
Hamm	• Geologischer Lehrpfad Maximilianpark

Hasbergen	• Geologischer Lehrpfad am Hüggel
Hellenthal	• Geologisch-montanhistorische Lehr- und Wanderpfade
Hemer	• Felsenmeer
Herscheid (Westf.)	• Bergbaulehrpfad
Hillesheim	• Geologisch-Mineralogische Sammlung
	• Geologischer Lehr- und Wanderpfad
Hoenderloo (NL)	• Museonder, Nationalpark „De Hoge Veluwe"
Holzwickede	• Historischer Bergbaurundweg
Iserlohn	• Höhlenkundemuseum und Dechenhöhle
Kerkrade (NL)	• Industrion
	• De Carboonroute
	• De Mijnmonumentenroute
Köln	• Haus des Waldes
Krefeld	• Geologisches Landesamt NRW
Lage	• Westfälisches Industriemuseum
Losser (NL)	• Geologisches Naturdenkmal, Staring-Grube
Lüdenscheid	• Bremecker Hammer
Mendig	• Museumslay
	• Steinlehrpfad
	• Natursteinlehrpfad
Mönchengladbach	• Informationszentrum Trinkwasser und Wasserlehrpfad
Mülheim a. d. Ruhr	• Haus Ruhrnatur
	• Aquarius Wassermuseum
	• Fossilienweg
Nettersheim	• Naturschutzzentrum Eifel
	• Geologischer Lehr- und Wanderpfad der Gemeinde Nettersheim
Nettetal	• Geologischer Lehrgarten im Stadtteil Hinsbeck
Niederzissen	• Vulkanpark Brohltal/Laacher See
Olsberg	• Informations-Center Boden- und Kulturdenkmal Bruchhauser Steine
Osnabrück	• Museum Industriekultur
Ospel (NL)	• Besucherzentrum „Mijl op Zeven"
Porta Westfalica	• Museum für Bergbau und Erdgeschichte, Bergbau-Schaupfad und Besucherbergwerk
Prüm	• Naturkundepavillon
Recke	• Kalkofen Weßling
Rehburg-Loccum	• Dinosaurier-Freilichtmuseum Münchehagen
Rinteln	• Geologische Wanderwege in der Grafschaft Schaumburg
Salzhemmendorf	• Besucherbergwerk „Hüttenstollen"

Solms	• Feld- und Grubenbahnmuseum, Grube Fortuna
	• Bergbaukundlicher Lehr- und Wanderpfad
Sonsbeck	• Geologischer Wanderweg in der Sonsbecker Schweiz
Stolberg	• „Der historische Wanderweg von Atsch bis Elgermühle"
Unna	• Rad- und Wanderwege zu den geologischen Naturdenkmalen im Kreis Unna
Vreden	• Moormuseum Westliches Münsterland
Weibern	• Tuffsteinmuseum „Steinmetzbahnhof"
Weilburg	• Kubacher Kristallhöhle
	• Geologischer Lehrpfad
Westerburg	• Geologischer Garten
Witten	• Bergbaurundweg Muttental
Wuppertal	• Geologischer Wanderweg „Der Eulenkopf"

Besucherbergwerke

⚒

Bad Berleburg	• Schaubergwerk Raumland
Bad Wildungen	• Kupferbergwerk an der Leuchte
Balve	• Schaubergwerk Luisenhütte
Barsinghausen	• Museum Barsinghausen
Bestwig	• Erzbergwerk Ramsbeck
Blégny (B)	• Puits-Marie
Bleialf	• Mühlenberger Stollen
Bochum	• Deutsches Bergbau-Museum
Diemelsee	• Besucherbergwerk „Grube Christiane" und Museum
Dortmund	• Syburger Bergbauweg
Gebhardshain	• Besucherbergwerk Grube Bindweide
Hellenthal	• Besucherbergwerk „Grube Wohlfahrt"
Herdorf	• Bergbaumuseum des Kreises Altenkirchen
Hilchenbach	• Bergbaumuseum Müsen und Stahlberger Erbstollen
Maastricht (NL)	• Grotten Zonneberg
	• Grotten Nord
	• Grotten Jesuitenberg
Marsberg	• Besucherbergwerk Kilianstollen
Mechernich	• Besucherbergwerk Mechernicher Bleiberg „Grube Günnersdorf" und Bergbaumuseum

Meerssen (NL)	• Grotten der „Geulhemmergroeve"
Mendig	• Deutsches Vulkanmuseum
Plettenberg	• Bärenberger Stollen
Porta Westfalica	• Museum für Bergbau und Erdgeschichte, Bergbau-Schaupfad und Besucherbergwerk
Rijkholt (NL)	• Feuersteinbergwerk Rijkholt
Salzhemmendorf	• Besucherbergwerk „Hüttenstollen"
Siegen	• Reinhold-Forster-Erbstollen
Siershahn	• Schaubergwerk „Gute Hoffnung"
Solms	• Besucherbergwerk Grube Fortuna
Valkenburg (NL)	• Römische Katakomben • Prähistorische Schaugrube • Steinkohlenbergwerk • Gemeindegrotte • Historische Flurweelengrotten
Weilburg	• Bergbau- und Stadtmuseum
Wenden	• Schaubergwerk „Stollen Schlägelsberg"
Willingen	• Besucherbergwerk Schiefergrube „Christine"
Witten	• Bergbaurundweg Muttental

Schauhöhlen

Attendorn	• Attendorner Tropfsteinhöhle
Balve	• Reckenhöhle • Balver Höhle
Engelskirchen	• Aggertalhöhle in Ründeroth
Ennepetal	• Kluterthöhle
Hemer	• Heinrichshöhle
Iserlohn	• Höhlenkundemuseum und Dechenhöhle
Warstein	• Bilsteinhöhle
Weilburg	• Kubacher Kristallhöhle
Wiehl	• Wiehler Tropfsteinhöhle

Bildnachweis

S. 11, 97 aus Weßlings Kalkofen. Industriedenkmal im Steinbecker Esch. — Faltblatt

S. 13 Kupferstich von Jan Luyken 1682 im Museum Burg Frankenberg, Aachen

S. 15 Sammlung Friedrich Wilhelm Hoeninghaus, Zoo Krefeld

S. 17 aus Attendorner Tropfsteinhöhle, Entstehung — Geschichte — Beschreibung (1976). — 31 S., 13 Abb.; Attendorn (Th. Frey).

S. 19 aus Bartolosch, Th. A. (1992): Basalt im Westerwald. — Bergbau, **1:** 26 – 29, 8 Abb.; Herne.

S. 20 aus Gürich, G. (1908): Leitfossilien. Ein Hilfsbuch zum Bestimmen von Versteinerungen bei geologischen Arbeiten in der Sammlung und im Felde, 1. Lfg., Kambrium und Silur. — 199 S., 52 Taf. mit Erl.; Berlin (Borntraeger).

S. 21 aus Rau, H. G. (1988): Stadt- und Bädermuseum Bad Salzuflen. — 48 S., zahlr. Abb.; München, Zürich (Schnell & Steiner).

S. 24 aus British Mesozoic Fossils, 6. Aufl. (1983). — 209 S., 73 Taf.; London (British Mus., Natural Hist.).

S. 27 oben   Foto: Deutsches Bergbau-Museum, Bochum

      Mitte re. unt. Foto: Westfälisches Museum für Naturkunde, Münster

S. 28 Foto: Landesbildstelle Westfalen, Münster

S. 36 aus Koenigswald, W. von; Hahn, J. (1981): Jagdtiere und Jäger der Eiszeit. Fossilien und Bildwerke. — 100 S., 76 Abb.; Stuttgart (Theiss).

S. 47 oben   Foto: Landesbildstelle Westfalen, Münster

      2. Reihe   Fotos: F. Höhle, Wuppertal

      3. Reihe   Foto: M. Sander, Bonn

      unten   Foto: Stadt Bottrop

S. 53 verändert nach einem Entwurf von C. Brauckmann

S. 59 aus Metz, R. (1974): Die schönsten Holzschnitte aus dem Bergwerksbuch De re metallica libri XII, 1556, von Georg Agicola. — Aufschluss, Sonderh., **23:** 109 S., 100 Abb.; Heidelberg.

S. 65 nach Hirmer, M. (1927): Handbuch der Paläobotanik, **1.** — 708 S., 817 Abb.; München, Berlin (Oldenburg).

S. 67 Mitte links unten   Foto: H. Zimmermann, Essen

S. 68 aus British Caenozoic Fossils, 5. Aufl. (1975). — 132 S., 44 Taf.; London (British Mus., Natural Hist.).

S. 71 aus NOSE, C. W. (1789): Orographische Briefe über das Siebengebirge und die benachbarten zum Theil vulkanischen Gegenden beyder Ufer des Nieder-Rheins. — 454 S., 5 Abb., 8 Taf., 1 Kt.; Frankfurt/Main (Gebhard & Körder).

S. 73 aus CUSTODIS, P.-G.: Technische Denkmäler in Rheinland-Pfalz. Spuren der Industrie- und Technik-Geschichte. — 248 S., zahlr. Abb.; Koblenz (Landesbildst. Rheinld.-Pfalz, Görres-Verl.).

S. 74 aus JOGER, U.; KOCH, U. [Hrsg.] (1994): Mammuts aus Sibirien. — 135 S., 105 Abb.; Darmstadt (Hess. L.-Mus.).

S. 76 aus MEIJER, A. W. F. (1990): Mosasauriërs. — 24 S., 10 Abb.; Maastricht (Naturhist. Mus.).

S. 79 nach einem Gemälde von J. LEIENDECKER, Foto: Kreisbildstelle Euskirchen

S. 82 aus FUHLROTT, C. (1859): Menschliche Ueberreste aus einer Felsengrotte des Düsselthals. — Verh. naturhist. Ver. preuss. Rheinlde. u. Westph., N. F., **6:** 131 – 153, 1 Taf.; Bonn.

S. 86 Foto: Geol.-Paläont. Museum, Münster

S. 92 Foto: Werksarchiv MAN GHH Oberhausen, Nr. 09/3322

S. 95 aus British Mesozoic Fossils, 6. Aufl. (1989). — 209 S., 73 Taf.; London (British Mus., Natural Hist.).

S. 99 aus BLOEMERS, J. H. F.; LOUWE KOOIJMANS, L. P.; SARFATIJ, H. (1981): Verleden Land. Archeologische opgravingen in Nederland, 2. Aufl. — 192 S., zahlr. Abb.; Amsterdam (Meulenhoff Informatif).

S. 104 aus CUSTODIS, P.-G.: Technische Denkmäler in Rheinland-Pfalz. Spuren der Industrie- und Technik-Geschichte. — 248 S., zahlr. Abb.; Koblenz (Landesbildst. Rheinld.-Pfalz, Görres-Verl.).

S. 107 Mitte links oben   Foto: E. HAMMERSCHMIDT, Iserlohn
Mitte rechts   Foto: Stadt Hemer
unten   Foto: E. HAMMERSCHMIDT, Iserlohn

S. 114 aus KAHLKE, H. D. (1981): Das Eiszeitalter. — 192 S., zahlr. Abb.; Leibzig, Jena, Berlin (Urania).

Umschlaginnenseite, Amtsgebäude Geologisches Landesamt Nordrhein-Westfalen   Foto: D. KAMP, Krefeld

übrige Abbildungen: Geologisches Landesamt Nordrhein-Westfalen